# 给情绪多些时间：如何恰当表达你的情绪

王颢◎编著

中国纺织出版社

# 内 容 提 要

一个人的情绪若只能闷着，不能表达出来，那整个人的状态就会变得很糟糕。情绪表达可以帮助人们获得内心需求满足，帮助人们更好地认识自己。

本书针对如何恰当表达情绪这一话题，从了解情绪、掌控情绪、利用情绪、表达情绪等方面进行了详细阐述，尤其在表达情绪的技巧方法等方面给予了诸多良好且有效的建议，有助于人们合理表达情绪，使情绪得到完美释放。

**图书在版编目（CIP）数据**

给情绪多些时间：如何恰当表达你的情绪 / 王颢编著.
—北京：中国纺织出版社，2018.11（2023.10重印）
ISBN 978-7-5180-5349-0

Ⅰ.①给… Ⅱ.①王… Ⅲ.①情绪—自我控制—通俗读物 Ⅳ.①B842.6-49

中国版本图书馆CIP数据核字（2018）第194072号

---

责任编辑：闫　星　　特约编辑：李　杨
责任校对：江思飞　　责任印制：储志伟

---

中国纺织出版社出版发行
地址：北京市朝阳区百子湾东里A407号楼　邮政编码：100124
销售电话：010-67004422　传真：010-87155801
http：//www.c-textilep.com
E-mail：faxing@c-textilep.com
中国纺织出版社天猫旗舰店
官方微博http：//weibo.com/2119887771
新乡市龙泉印务有限公司印刷　各地新华书店经销
2018年11月第1版　2023年10月第4次印刷
开本：880×1230　1/32　印张：7.25
字数：182千字　定价：68.00元

---

# 前言

一个人的情绪是对一系列主观认知经验的通称，是多种感觉、思想和行为综合产生的心理和生理状态。它与心情、性格、脾气、目的等诸多因素相互作用，最普通的情绪有喜、怒、惊、恐等，还有一些细腻微妙的情绪，如嫉妒、惭愧、羞耻、自豪等。当然，不管是正面情绪还是负面情绪，都是引发人们行动的动机。

情绪既有先天也有后天控制的成分，一个人的情绪发展和变化是因人因时因地因事而产生的。生活中，我们要管理好自己的情绪，给情绪多一些时间，恰如其分地表达自己的情绪，让情绪获得应有的表达和展示。

情绪需要恰当表达，这在于情绪是极具感染性的，不论是好情绪还是坏情绪。如果情绪不能通过合理的途径释放，尤其是坏情绪，那势必给自己和他人带来身心的伤害。恰当表达自己的情绪，简而言之，就是给自己的情绪找到合适的出口。

了解情绪，有助于我们更好地趋利避害，使情绪为自己所用。每个人都有七大基本情绪，喜、怒、哀、乐、悲、恐、惊，情绪的存在是正常的，产生情绪的根源常常与个人的主观体验和感受有关，是对外界刺激所产生的心理反应以及相应的生理反应。因此，不管是正面的还是负面的情绪，我们都要坦然接受，注意自己的情绪波动以期提醒自己。

需要注意的是，情绪是需要被表达出来的。总一味地控制情绪并不是最佳方法，好坏情绪都应该找到合适的出口、得到合理释放。若强力压制，一旦积累到某个程度，情绪就会主动寻找内心最薄弱的地方爆发，这给自己和周围人或事带来的问题反而更严重。

情绪是用来表达的，而不是用来发泄的。表达情绪，指的是我们通过合理的途径合理地释放情绪；发泄情绪，总含有任性的意味。恰当的情绪表达，目的在于让别人了解我们正处于某种不愉快的情绪中，以期获得别人的理解，这样情绪才能得到合理且完美的释放。

编著者

2018年4月

# 目录

# 第01章

# 状态不如意，情绪问题多

一个人若是状态不好，情绪自然会遭受影响。然而，人生不如意十之八九，情绪的10%由发生在你身上的事情组成，而另外90%则是由你对发生的事情的决定组成。换而言之，假如一个人对待生活的情绪不稳定，那么他的生活也会一团糟。

# 诱发压力的不良生活习惯

你是否感到压力重重？那你是否有这样一些习惯呢：早上若是感觉不怎么饿，就干脆不吃早餐，也省去了麻烦，如果不得不吃早餐，也只是去小摊买点油炸食品；中午休息时间太短了，直接到快餐店匆匆解决；晚上和几个哥们儿姐妹一起海吹喝酒聊天吃火锅，玩得不亦乐乎；直到深夜还会在街上吃点夜宵再回家……

现代社会，不管是工作、生活，都给人们带来了无形的压力，压力大的人们总感觉疲惫不堪、烦躁不安，乃至焦虑，这对身体健康十分不利。

如强大的压力会导致人们的身体进入亚健康状态。可能有人会疑惑，亚健康到底是什么？用比较通俗一点的话说，就是你已经接近生病了，虽然从表面上还看不出什么具体的症状，自己也没有明确地感觉到身体上有不舒适的状态，但是也许就在你转头的那一刹那，疾病就出现了。当真正的疾病来临时，你可能还在迷惑之中：身体不是好好的吗，怎么说病就病了呢？其实，这是因为你没有及时地认识到自己的身体已经处在了亚健康的边缘。

或许你会问，到底是什么让自己的压力怎么也减少不了呢？实际上，有些压力来自你自己的一些生活习惯，如上文所述的生活习惯。

梦洁刚刚大学毕业，在家人朋友的帮助下找了一份不错的工作，每个月薪水不少，唯一不足的就是太忙了，忙得都没有睡觉的时间。所以，为了早上能赖那么十几分钟的床，她索性就省去了早餐。有时候，闻着隔壁小吃店的食物的香味，她也忍不住买点东西吃；但是，她从来不喝牛奶、吃面包之类的，她觉得那样的饮食搭配寡然无味，还不如吃点油炸食品。

中午，别的同事都出去吃饭了，梦洁还在公司忙碌着，经常都是叫外卖，吃着快餐店的饭菜，她都分辨不出什么是美味、什么是难吃，只要能吃饱就好了，这样下午才有力气工作。在她看来，中午这顿不用花多少心思，因为白天大家都忙，还不如留着肚子晚上吃个痛快。傍晚，梦洁结束了一天的工作，约上几个好朋友去酒吧玩，喝酒唱歌跳舞，好像把白天工作所带来的那种负荷都摆脱得一干二净。玩到很晚大家才散伙，因为在酒吧只顾着喝酒，这时候她才发觉饿了，于是在路边吃烧烤，或者回家煮包泡面。

她从来没有觉得自己的生活习惯有什么问题，直到她最近觉得身体不太对劲。在医院，当医生把“亚健康”这样的字眼抛给梦洁时，她有些不相信，自己才刚刚大学毕业，正值青春年华，怎么会处于亚健康状态？医生笑着说：“就是你们这个年龄，自认为年轻身体就很好，不珍惜身体，不注意饮食，所以，你们要特别注意自己的饮食习惯，否则还会引发身体疾病。”梦洁拿着医生开的营养饮食清单，心里却在想，自己还真舍不得那深夜的美味烧烤呢！可是，身体却已处于亚健康状态，她陷入了纠结。

也许，我们身上都有梦洁的影子，不讲究早餐午餐的营养，却贪念深夜的美味烧烤。如果不良的饮食习惯和身体健康摆在面前，我们又会做出怎么样的选择呢？虽然受到了医生的警告，但有的人还是“不见棺材不掉泪”，任性地折腾自己的身体，直到躺进医院才意识到事情的严重性。其实，在这样的情况下，我们应该做出正确的选择，舍弃不良的生活习惯，摆脱亚健康的影子。当你身体处于一个健康的状态，你会发现生活原本是这么美好。心情自然会好起来，压力也会得到缓解，工作起来也会更有干劲儿。

美国《赫芬顿邮报》曾总结了10种会诱发压力的不良生活习惯，各位不妨自我检测一下：

（1）沉湎于数字媒体

这种行为会导致自己产生孤独感、工作倦怠感。

（2）压抑感情的宣泄

压制情绪会让压力内生化，以致对身心健康造成负面影响。对造成压力的事件采用积极的方法应对，就能增强对它的掌控能力。

（3）久坐不动

研究表明，缺乏运动会给人的生理和心理带来挫败感，锻炼能很好地克制焦虑情绪。

（4）为金钱不顾兴趣爱好

有大量的心理学研究表明，财富会引发压力效应，破坏幸福感。很多人相信钱可以使自己感到幸福，但事实上，除了那些极度贫困的人，钱并不一定能买来幸福。

（5）追求完美

普通人不要刻意去追求完美，力争把事情做好即可。培养感恩之心有助于完美主义者适度降低他们的预期水平，从而缓解压力。

（6）对一切事情过度分析

反复思考只会增添更多的焦虑情绪，对女性来说更是如此。

（7）购物成瘾

物质至上主义会增强压力的不良效应。

（8）介入别人的压力

大脑很敏感，当人们介入别人的压力圈时，就会向大脑发出感到担心的信号，让人容易做出承受压力的效仿行为。

（9）认为压力所引起的睡眠障碍不重要

短暂的压力并不会影响睡眠，但如果不重视这种现象，进而导致长期睡眠缺乏，会让人更难处理压力。

（10）过分注意自己的财务状况

为了达到收支平衡而努力奋斗不仅会引发焦虑感，还会影响到认知能力。

这些不良的生活习惯会给我们带来无形的精神压力，在不知不觉间占据内心，赶走快乐，使我们变得更加焦躁不安。如果你感到一些无形的压力，那么先来自我检测一下，看看你是否有这些不良生活习惯。如果有，那就想办法改掉这些不良生活习惯吧。

## 现代人的情绪“病”

卡耐基曾说：“一个损失了健康的人，就算他赢得全世界，也不能算作真正的成功人士。即使他拥有全世界，每晚也只能占据一张床，一日也只能享用三餐。哪怕一个挖水沟的人，也能做到这一点，甚至可以睡得更安稳、吃得更香。我宁愿做一个普通的农夫，闲来能够悠然弹奏五弦琴，也不愿意作为企业家，45岁不到就因为忙于管理而自毁健康。”现代人越来越焦虑，内心隐藏着一种恐惧，既担心自己的生存状况，又惧怕生老病死，其实，这就是典型的心理问题。长此以往，原本健康的身体就会被心理问题折磨得奄奄一息，也即是说，心理不健康是导致身体不健康的主要因素。例如，有的人一旦感到身体不舒服，就怀疑自己生了病，整天处于恐慌之中。其实，在很多时候，这些人只是小病或者根本就没有病，他们的不适是源于心理问题，如焦虑和恐惧。当然，心病还得心药医，不要猜疑自己的健康，保持健康的心理，心病自然就会消除了。所以，从现在起，让那些在阴暗处滋长的阴霾在阳光下消失吧！

他是美国棒球名将，曾遭受压力的困扰，十分焦虑。后来，他摆脱了焦虑症，停止了没有理由的恐惧，这使他变得既长寿又健康。

他回忆道："刚开始打棒球的时候，根本没有钱可挣，而且，常常被空罐子或马具绊倒，等到球赛结束了，我们就用空帽子向观众收点小费，以供奉母亲，养育幼小的弟弟妹妹。那点钱是绝对不够的，有的球员只能靠草莓充饥。各种压力令我感到焦虑，我是唯一连续7年陪末座的棒球队经理，也是8年里唯一输过800场的棒球队经理。以前一连串的挫败令我焦虑到不吃不喝，但是后来，我决定不再焦虑了，如果不是当时就停止忧虑，我早就躺在棺材里了。"

在受焦虑困扰的日子里，他发现压力对自己毫无益处，只会危害自己的事业，而且会危害自己的健康。后来，他逐渐发现了克服焦虑和恐惧的方法：忙着为未来赢球做策划，没有时间去焦虑和恐惧已经输了的球局；绝不在球赛结束后24小时内批评球员的错误。

他以前总是叫球员来训话，后来他逐渐发现，如果已经输了球，责备和争论都没有意义了，只会增加自己的焦虑和恐惧。于是，他决定输球之后绝不马上去看球员，要到第二天才跟大家讨论失败的原因，因为到了第二天，他已经很平静了，这时那些失误好像没有那么严重了，他可以冷静地讨论。这样过了一段时间，他发现内心的焦虑和恐惧已经慢慢消减了。他甚至认为，自己长寿的秘诀就是“停止焦虑和恐惧”。

焦虑和恐惧这样的心理问题给我们生活所造成的影响是不容忽视的，焦虑对我们毫无益处，只会危害我们的生活和事业，而且会危害自己的健康。与其花费大量的精力与心思去焦虑和恐惧，不如好好经营自己的生活，把精力和心思转移到生活上来，这样，自然就会摆脱焦虑和恐惧，获得一种轻松而美好的生活。

1.有情绪何必憋在心里

何谓闷气？它是由于郁闷而憋在心里的气，是一种无法消除而无奈、没办法的表现。古人曰：“百病之生于气也。”常言道“怒伤肝，忧伤肺”，那些郁积在心中的不愉快情绪使内脏活动紊乱、内分泌系统失常，胃口不佳、消化不良，而且长时间的烦闷会导致血压升高，甚至冠心病。另外，从心理学上说，生闷气是一种不愉快的情感体验，会破坏正常的情绪反应。一个人若是情绪恶劣，其记忆力将会减退，思维能力也将大受影响，同时，喜欢生闷气还会影响到一个人的正常人际交往。

2.病真的由心生

有时候，我们根本没有想过身体的疾病会跟心理问题有关，事实上，郁积在心中的问题常常会成为我们身体疾病的根源。一位经常被心理问题所困扰的人说：“我感觉很孤单、很堕落，心中像压了一大块沉重的石头，压得我快喘不过气来了，不知道什么时候才能将这块石头熔化。它压在我心上，憋得我快要疯了。”现代社会竞争激烈，工作和生活压力都非常大，这不仅会影响家庭关系、同事关系、朋友关系，如果我们不能妥善处理这些矛盾，那些不断膨胀的压力还会危及我们的身体健康。

心理问题，诸如焦虑和恐惧等，是现代社会普遍存在的心理疾病，它源于工作压力、人际关系、经济问题、孤独以及交通阻塞。每天，我们都饱受着心理问题的困扰，可能每个人或多或少都有过焦虑恐惧的经历，然而许多人都没有意识到，长期的焦虑会引发抑郁症，这是一种病态的心理，不仅会给我们的健康带来损害，而且会感染到身边的人。

## 强忍眼泪等于自杀

每天，我们都可能面临生活带来的愉快、悲伤、愤怒和恐惧等情绪。但是，这种情绪和情感往往是短暂的，哪怕是负面情绪，痛苦之后，强烈的体验也会随着刺激的消失而消失。可是，如果那些焦虑和忧愁长期存在，就会使人惶惶而不可终日，由不良情绪引起的生理变化也会久久不能恢复。其实，长期压抑情绪对人的身体健康是有很大影响的，紧张忧虑的情绪不仅影响生活质量，还会给身体带来更大的伤害。

那些被压抑的情绪在身体里撞来撞去，让人很难受，还有一种说不出来的悲哀，严重者还会就此患上抑郁症。所以，总是压抑情绪，会逐渐影响到自己的身体，因为那些长期压抑的情绪比生气更容易伤害身体。

小曼一度处于抑郁的阶段，因为她发现以前老把“爱”挂在嘴边的老公有了外遇。刚知道这个消息的时候，她就觉得心中的那个世界已经坍塌了，觉得天都塌下来了。自从结婚之后，小曼就辞去了工作，在家里相夫教子，把重心也放到了孩子身上，忽视了打扮学习，也忽略了老公的感情，自己成了黄脸婆，老公也出轨了。

之后，她的心情一直很压抑，很低落，对未来生活没有希望和期盼，很迷茫。她觉得完全没有生活的勇气了，天天跟自己在一起的老公都可以背叛自己，那还有什么值得依靠的？

前些日子，她突然觉得烦躁不安，手心出汗，浑身不自在，什么也听不进去、看不进去，有点崩溃的状态。好朋友来看她，小曼也不好意思把真相告诉朋友，觉得这是家丑。她也试着跟老公谈了一次话，老公满脸愧疚地说没有打算跟她离婚，可是他又牵挂着其他的女人。小曼觉得自己实际上是守着一个空壳过日子，她不想去过问他的行踪，可想到老公和其他的女人在一起，她又觉得不开心。

前两天去医院例行检查，医生诊断她患上了慢性浅表性胃炎，难道这就是守住婚姻的代价吗？小曼心情糟透了，精力严重透支，现在体力也完了，她也不知道自己该怎么办。

小曼一直压抑自己的情绪，使那些恶劣的情绪影响到了自己的身体，也破坏了生活的质量。其实，她大可以跟老公吵一架，选择干脆地离婚，但她并没有这样做，她既没有做出实质性的动作，又想守住自己的婚姻，最终因为不良情绪压抑得太久患上了疾病，给自己身体带来了严重的伤害。有不少人都觉得自己与家人相处时比较压抑，即便是对对方有什么不满，也总是强忍着，告诉自己不要跟他计较，尽量不生气，但是，这样的情绪压抑久了，难保不会做出一些冲动的行为。所以，对于那些不良的情绪，要舍弃压抑的方式，通过正确的渠道来释放，这样才有益于身心健康。

众所周知，女性普遍比男性的寿命更长，除了职业、生理、激素、心理等各方面的优势条件之外，女性喜欢哭泣也是一个重要的因素。因为哭泣对于女性来说是一个释放不良情绪的渠道，而哭泣之后，情绪强度就会减低40%。如果不能利用眼泪释放情绪压力，就会影响到身体的健康。

1.强忍眼泪等于自杀

强忍眼泪就等于“自杀”，同时哭泣的时间不宜超过15分钟，否则也会对身体造成伤害。当然，眼泪并不是唯一释放情绪的途径，尤其是对于许多男性来说。通过一些令人愉快的小游戏释放情绪也是一个好方法，如前几年流行的“偷菜”。它还有句流行语——“你今天偷菜了吗”，如果见面不说“偷”，就好像自己不前卫、不时髦、跟不上时代步伐一样。其实，除去“偷菜”本身所具备的娱乐性质之外，它之所以能风靡于网络，还在于它对压抑情绪的释放。许多上班族忙碌了一天后，总希望能通过一件愉快的事情来释放自己压抑的情绪，而“偷菜”就成了一个巧妙的出口。当然，偷菜并不是全民释放情绪的方式，不同的人会选择不同的途径去释放自己的不良情绪。

2.通过合理且正确的途径释放情绪

可能有人觉得，既然不应压抑自己的情绪，那就释放出来好了，于是不管是同事还是朋友，一股脑儿向对方发火。压抑的情绪是需要释放，但前提是通过正确的渠道，而不是无所顾忌地随处释放。对合理且正确的释放情绪的途径，不同的人有不同的方式。有的人喜欢运动，有的人喜欢通过参加休闲活动来放松心情，有的人喜欢听歌看小说，有的人选择睡个好觉。其实，无论是哪种途径，只要能顺利地释放不良情绪，都是值得采纳的。

压抑情绪一段时期之后，你会发现身体出现诸多不适。可见，压抑情绪不仅会给自己带来心理上的疾病，还会引起身体上的疾病，这根本就是得不偿失。所以，当自己产生了一些不良情绪后，一定要通过正确的渠道释放出去，舍弃压抑情绪的方式，获得心理上和身体上的双重健康。

# 赛利格曼效应，绝望的体验

通常情况下，人们捕捉到小象，便把它们养在木桩制成的围栏内。小象小时候曾想过逃跑，但是，那时候它们力气还小，无论如何用力都对付不了木桩。时间久了，小象内心深处就树立了一个牢固的信念：眼前的木桩是不可能被扳倒的。即使小象长大成为大象，它已经有足够的力量去扳倒一棵大树，也仍旧对圈禁它的木桩无能为力。这是一个奇怪的现象。其实，这种现象就是“赛利格曼效应”，通常是指动物或人在经历某种学习后，在情感、认知和行为上表现出消极的特殊心理状态。

美国心理学会主席塞利格曼曾做过这样一个实验：把狗关在笼子里，只要蜂音器一响，就给狗令它难受的电击，狗被关在笼子里，逃避不了电击。多次实验之后，蜂音器一响，在对狗电击前，先把笼门打开，这时狗非但不逃，反而是不等电击就先倒在地上呻吟和颤抖，本来可以主动地逃避却绝望地等待痛苦的来临。塞利格曼把这种现象称为“习惯性无助”，那么，在人身上是否也存在着这一特性呢？

不久之后，塞利格曼进行了另外一个实验：他将学生分为三组，让第一组学生听一种噪声，这组学生无论如何也不能使噪声停止；让第二组学生也听这种噪声，不过他们可以通过努力使噪声停止；第三组是对照组，不给受试者听噪声。当受试者在各自的条件下进行一阶段的实验之后，又令他们进行了另一种实验。实验装置是一个“手指穿梭箱”，受试者把手指放在穿梭箱的一侧就会听到强烈的噪声，但放在另一侧就听不到噪声。实验表明，能通过努力使噪声停止的受试者以及对照组会在“穿梭箱”实验中把手指移到另外一边；但那些不能使噪声停止的受试者仍然停留在原处，任由噪声继续下去。这一系列实验表明“习惯性无助”也会发生在人的身上。

习惯是一种自然，人们若不自觉地沾染上习惯性无助，就会有一种“破罐子破碎”“得过且过”的消极心态，他们坚信自己无能，放弃任何，最后导致失败。而且，这种消极心态有可能会感染给他人。如有的员工在给客户打电话的时候，电话还没有接通就开始说：“你们没有这个计划啊？那好，再见。”电话挂断后，他们的脸上没有失望的表情，似乎已经习以为常，即使上司告诉他们“这个单子你去跟一下”，他们也会无奈地表示：“跟了也没用，他们没兴趣的。”这是生活中典型的有“习惯性无助”的人，也许他们就是我们的一个缩影。

有一天，心理学教授罗伯特先生接到了一个高中女孩的电话。在电话里。女孩子带着沮丧的口吻重复着：“我真的什么都不行！”罗伯特教授感觉到了她的痛苦与压抑，他亲切地询问：“是这样吗？”女孩好像对自己特别失望：“是的，我和同学的关系不好，大家都不喜欢我，我的学习成绩一般，老师也不正眼瞧我，妈妈把所有的希望寄托在我身上，但我却无法满足她的愿望，我喜欢的男孩也不再喜欢我了，我已经感觉不到生活里的阳光了……”罗伯特教授追问：“那你为什么要打这个电话？”女孩继续说：“不知道，也许是想找个人说说话吧！”经过一番交谈，罗伯特教授明白了女孩的问题——习惯性无助，却又缺乏鼓励。假如一个人长时间在挫折里得不到鼓励与肯定，那就会逐渐养成自我否定的习惯。

接着，罗伯特教授说：“我觉得你有很多优点，有上进心、是个懂事的孩子、说话声音很好听、很有礼貌、语言表达能力强、做事情认真、能够与人沟通……你看看，我们才聊了一会儿，我就发现你有这么多优点，你怎么能说自己什么都不行呢？”女孩惊讶地问：“这能算优点吗？没有人这样说过呀？”罗伯特教授回答说：“从今天开始，请把你的优点写下来，至少要写满10条，然后，每天大声念几遍，你的自信心会慢慢回来，要是发现新的优点，别忘了一定要加上去啊！”

罗伯特教授这样告诉他的学生：“在我们身边，可能也有许多人像这个女孩一样，在经历过挫折之后就觉得自己什么都不行，但是，我希望你们今后彻底打消这种念头，无论什么时候，在做任何事情之前，都不要急于否定自己。”

1.经常说自己不行，最后会真的不行

经常把“我不行”“我不能”挂在嘴边，是一种愚蠢的做法。因为心理暗示的作用是巨大的，当经受某个挫折后就断然给自己下结论

“不行”，实际上是给自己一个消极的心理暗示，时间长了，你真的会习惯性地说“我不行”。

2.可怕的不是环境，而是面对失败的态度

多次失败之后，人们成功的欲望就减弱了，甚至会习惯失败而不采取任何措施。其实可怕的不是环境，不是失败本身，而是这种无能的感觉，是我们面对失败的态度！当习惯成了自然，习惯性无助就会粉墨登场——破罐子破摔、得过且过，渐渐成为侵蚀躯体的蛀虫。

有些人在经历了一两次挫折之后，就好像失去了挫折免疫能力，他们对失败的恐惧远远大于对成功的希望，由于怀疑自己的能力，他们经常体验到强烈的焦虑，身心健康也受到影响。而且，他们认定自己永远是一个失败者，无论怎样努力都无济于事，即使面对他人的意见和建议，他们也还是以消极的心态面对生活。对这样的心态，我们应该尽量避免，正确评价自我，增强自信心，让心坚强起来，摆脱无助的境地。

## 宁可发脾气也别生闷气

华盛顿·欧文说：“气度狭小就被逆境驯服，宽宏大量则足以把逆境克服。”因此，我们在生气时不要压抑自己的坏情绪，要懂得接纳并调整自己的坏情绪。在日常生活中，我们常常会说到“发脾气”和“生闷气”，这两者之间有什么区别呢？发脾气，是指用语言、动作等显性行为将那些对某人或某事不满的情绪发泄出来，这是生气时的外在表现；生闷气，是指将那些不愉快的情绪压抑在心里，不外露，也就是赌气，也是生气时的内在表现。虽然，从表面上看，无论是“发脾气”还是“生闷气”都是生气，但是，它们的表现方式大有不同。而表现方式的差异，将直接导致其后果的不同性。或许，有人认为发脾气会伤了彼此的和气，但是，如果我们发泄的前提是为了对方好，伤了和气又怎样呢？大量事实证明，人与人之间的关系并不如想象中的和睦，如果有什么不开心的事情只知一味地生闷气，对方就永远不知道你的真正情绪是什么，而且，生活中多一些吵闹也并不是一件坏事。

小萌刚刚大学毕业，尚不懂得如何讨上司欢心、如何恰当处理同事关系。当她找到第一份工作的时候，父亲这样告诉她：“丫头，公司不比家里，在家里，我和你妈妈都会让着你，你生气了可以砸东西，大哭，甚至大骂，但是，在公司是绝对不行的，凡事需要忍耐，这样你才能赢得上司和同事的喜欢。”小萌点点头，踏着欢快的脚步走进了公司大门。

可是，两个月不到，小萌的脚步就变得无比沉重。看起来她在公司做得真的很好，从公司老总到清洁阿姨，都十分喜欢小萌，因为小萌的脸上时刻挂满笑容，从来不生气，从来不指责谁。同事都忍不住夸赞小萌："你的脾气真好，刚才这件事明明是主管自己疏忽了，他那样责骂你，你还能面带微笑，换作是我，早就和主管对骂起来了。"小萌笑着点点头，心里在想：我的脾气也不好啊，当时，我就想拿着文件朝他脸上砸去了。可是，这毕竟是公司啊，不是在家里，不是自己撒野的地方。这种每天都需要伪装笑脸、强忍怒火的日子让小萌感觉很累，每次回到家里，小萌都忍不住发泄一番，心中的苦闷不知道向谁诉说。终于，小萌拖着疲惫的身子走进了心理咨询室的大门。

其实，人生在世，我们难免会遇到一些不顺心的事情，哪怕是一家人，也免不了"锅碗碰瓢盆"，所以人生点气、发发牢骚是很正常的。在生活中，看不惯某些人和事，偶尔闹点情绪，埋怨，指责，这都不足为奇。而最不应有的一种状况是，不声不响将不满情绪憋在肚子里生闷气。这是一种极坏的生活习惯，不仅消耗自己的精力，还会引发疾病，影响身心健康。

其实，生闷气对我们的身体有极为严重的伤害：一方面，经常生闷气不利于心脏的健康，另一方面会影响我们身体免疫系统的正常工作，从而引起大脑内的激素变化。对此，专家建议，与其闷在那里自己和自己生气，不如宣泄心中不满情绪，懂得接纳生气的自己，努力调整自己的情绪，这样会更有效地减少外界环境对人所产生的不利影响。

1.别做好好先生

有一位被公认为“好脾气”的人这样说道：“其实，每次看到令我感觉不好的人和事，我内心都相当地生气，但是，我极力克制自己，不断告诉自己‘要保持自己的形象，千万不要发脾气’，结果，每一次我都忍耐了下来。可是，时间长了，我发现，由于心中闷气的郁积，我的脾气越来越大，一点小事就可以让我的情绪变得无比激动，可又不好当面发作，常常是事情过去以后，我才气得砸东西。虽然我是公认的‘好脾气’，但是，好像我已经陷入了恶劣情绪的旋涡了。”也许，总有一天，这位“好脾气”先生会忍不住爆发，而到那时他自己也成为闷气宣泄的陪葬品了。

2.发脾气比生闷气好

一些国外专家研究表明，发脾气比生闷气好。虽然在大多数人看来，发脾气有损自己的修养和形象，似乎是一件伤大雅的事情，但是，科学家却公布了一项研究结果：当人感到气愤而想发脾气时，如果能够及时宣泄出来，会有利于自己的身体健康。可见，生气、发怒并不是一件坏事，毕竟人有七情六欲，总不能强制压抑，否则怒气就会变成闷气，反而容易爆发崩裂。如果能够释放心中的怒气，发泄不满情绪，解除烦闷，反而会使身心轻松愉快。

在某些时候，该发脾气就发脾气，不需要刻意压抑自己的情感，因为不适当地压抑有可能形成生闷气的习惯，结果会适得其反。不过，生活中的我们应该少生气，不能常生气，如果真的到了“怒不可遏”的地步，那就干脆痛痛快快地发泄出来，这样有利于情感的释放，有益于身心健康。

## 不让坏情绪传染到自己

著名作家大仲马说：“你要控制你的情绪，否则你的情绪便会控制你。”对此，耶鲁大学组织行为教授巴萨德说：“有四分之一的上班族会经常生气。”如此看来，人们经常受到不良情绪的干扰，而且稍有不慎，情绪就会成为我们的主人。有人这样形象比喻：“经常性地生气就好像不断地感冒一样。”在日常生活中，如果我们想要避免感冒的侵袭，通常的做法是防护自己的身体，这样，感冒的病毒就不会传染到我们的身上。负面情绪与感冒一样，如果我们没能做好预防工作，不可避免地，会常常生气。因此，为了不让坏情绪的毒传染到自己，我们应该做好一级防护。

1.学会冷静思考

阻止不良情绪的蔓延，就如同抵制感冒的侵袭，我们应该增强自身抵抗能力，善于思考，努力使自己变得平和，这样，即使情绪怒气冲冲而来，我们也能将它阻拦在外，冷静处理事情，避免盲目冲动。

2.不断地设想这件事的好处

如何才能做到冷静思考呢？对此，爱德华·贝德福这样说道：“每当我克制不住自己冲动的情绪，想要对某人发火的时候，就强迫自己坐下来，拿出纸和笔，写出某人的好处。每当我完成这个清单时，内心冲动的情绪也就消失了，我就能够正确看待这些问题了。这样的做法成了我工作的习惯，很多次，它都有效地制止了我心中的怒火，我逐渐意识到，如果当初我不顾后果地去发火，那会使我付出惨重的代价。”

生气，是一个人由于自己的尊严或利益受到伤害而产生冲动的情绪，并且这样的状态很难一下子就冷静下来。对此，心理学家认为，生气是人的弱点，所谓的大胆和勇敢，并不是动辄生气，而是学会思考，学会克制自己内心的冲动情绪。

# 第 02 章

# 情绪不神秘，了解它进而掌控它

情绪看似简单，却可以掌控一个人的人生；情绪看似平常，却可以左右一个人人际关系的好坏。其实，情绪一点儿也不神秘，我们应了解它进而掌控它。一个人心情的好坏是可以掌控的，只有让自己处在良好的情绪、营造良好的内心环境，才可以拥有幸福的人生。

# 解读情绪密码，找准人生方向

生活中，每个人都有情绪，喜、怒、哀、乐是情绪的常态，我们不可能完全摆脱情绪，我们要做的是认识到自己的情绪，让自己在情绪的世界里活得更好。的确，人感觉到的，就是所拥有的，人感觉到的越多，所拥有的也就越多。生活告诉我们，拥有好情绪，就是胜利的保证。做人乐观、积极，我们就能朝着胜利的方向迈进。每个人今天的命运状况，或许都是自己昨天情绪的结果。因此，我们任何一个人，只有学会解读情绪密码，才能找准人生方向，朝着这一方向大步迈进。

的确，情绪对我们的生活和命运具有决定意义的影响。积极的情绪会引导我们以正确、恰当的方法做人做事，引导我们成功；而相反，在消极情绪的引导下，我们可能会做错事，以致追悔莫及。实际上，我们都清楚一点，这个世界上，成功者毕竟是少数。而我们可能忽略的一点是，成功者之所以成功，失败者之所以失败，不仅与他们的能力有一定的关系，更为重要的是，是否有健康的心态。有时候，你以为成功的大门已经关闭，但若积极进取，你会发现，有一扇窗已经为你打开了。

在人生道路上，个人能力固然在很大程度上影响着我们前进的步伐和速度，但起决定性作用的，是我们对于自我情绪的良好控制力。在这个压力空前的社会，保持健康的情绪，是令我们走上康庄大道的关键。

## 坏情绪，让你与成功擦肩而过

生活本身就是由一件件琐碎的小事组成的，这些小事随时都可能影响到我们的心情。的确，我们常常会因为这些非理性的因素而无法控制自己，产生诸多不良情绪，甚至引发一些原本不该发生的事情。例如，某次比赛中，按照我们的能力与实力，赢取比赛是毫无疑问的，但赛程中，我们竟被一些小小的干扰因素影响了心情，坏心情不断放大，以至于影响到我们的发挥，最终导致失败。

曾经有这样一个故事：

1965年9月7日是世界台球冠军赛的比赛日，比赛在美国纽约如火如荼地进行着。很多人认为路易斯・福克斯必将赢得这场比赛，因为他的实力远超过其他对手，并且之前的比赛中，他的表现一直很突出，就连路易斯自己也对冠军势在必得。

然而，就在路易斯比赛的过程中，一只可恶的苍蝇居然飞到了主球上。

刚开始，路易斯看到这只苍蝇时并没有在意，只是用手赶走了它，然后继续比赛，但谁料到，这只苍蝇似乎就是要和他作对，它飞了飞，居然又停在了主球上。此时，观众席上已经骚动起来，很多人开始发出笑声，路易斯一看这情形，心情坏到了极点，几次折腾下来，他终于失去了冷静和理智，愤怒地用球杆去击打苍蝇，一不小心球杆碰动了主球，裁判判他击球，他因此失去了一轮机会。

路易斯的气急败坏反而让他的对手约翰·迪瑞信心大增，连连过关；而路易斯则因为情绪失控而接连失利，最终彻底错失冠军宝座，沮丧地离开了赛场。第二天早上，有人在河里发现了他的尸体。他投河自杀了。

可以说，路易斯并不是没有能力拿世界冠军，可他的能力却被他的情绪所左右，在遇到一些小状况时，他不够理智，没能控制和调节好这种负面情绪，最终错失冠军宝座并失去了自己的生命。

生活中，我们经常见到有人发脾气，也经常见到有人因为发了脾气而把事情搞得一团糟，原因不是这个人能力不够，更不是这个人缺乏沟通能力，而是这个人1%的坏情绪导致了最后100%的失败。

生活似乎总是不那么尽如人意，甚至常常会有一些小意外，坏情绪常常在不经意间来到我们身边，轻则破坏我们良好的心境，重则破坏人与人的关系，甚至伤己伤人。而这种坏情绪也是会传染的，如果我们身处集体或团队，那么，整个团队也会被坏情绪包围，最终导致整个团队的失败。

曾经有一位银行家说过：“如果某人情绪不稳，甚至怒不可遏，我总觉得对于我自己来说不但没有坏处，还会对我的地位产生帮助。”因此，不要因为别人发怒你便怒不可遏，要知道那正是你应当平和的时候。

当然，人不可能完全远离情绪，也不能永远那么理智和清醒，但我们在爆发前，最好先想想会产生什么后果，是否会有损于自己的利益，这样，你也许就能好好约束自己，控制自己的情绪了。

大多数失败者并不是因为自己的能力与所谓的“运气”而落败，他们欠缺的是对自我情绪的掌控力，在败给别人之前，先败给了自己的情绪。人的一生是一场很长的旅行，在旅行中，如果无法保持健康的情绪，我们将一次次地与成功擦肩而过。

## 先控制情绪，再掌控人生

情绪是人与生俱来的一种心理反应，如喜、怒、哀、乐，易随情境变化。人在日常生活中免不了出现好情绪和坏情绪，如果不能很好地调节并保持情绪平稳，势必会陷入痛苦的泥潭之中。因此，我们必须提升自身的情绪掌控能力。

美国石油大王洛克菲勒曾经遇到一件令人匪夷所思的事：

这天，他正在办公，他的门突然被打开了，进来一个陌生人，这个人直奔到他的办公桌前，用拳头狠狠地击了一下办公桌，然后火气十足地说："洛克菲勒，我恨你！我有绝对的理由恨你！"接着那个脾气火暴的陌生人恣意谩骂洛克菲勒达10分钟之久。

洛克菲勒公司的人都赶来了，有职员、秘书，还有其他管理者，看到此情此景，大家都气愤极了，他们满以为洛克菲勒会打电话叫来保安，把这个无礼的家伙从办公室赶出去，他完全可以这么做。但出乎所有人意料的是，洛克菲勒没有这么做，而是停下手中的活，用和善的眼神注视着眼前这位言语攻击者，而且一言不发，对方越暴躁，他就显得越和善。

最终，倒是这个无礼的人被洛克菲勒弄得莫名其妙，渐渐地平息下来。实际上，他是故意来与洛克菲勒作对的，并且，他在打算攻击洛克菲勒前，已经做好了各种应对洛克菲勒回击的准备。但是，洛克菲勒就是不开口，反而让他不知如何是好了。

最终，他又在洛克菲勒的桌子上猛敲了几下，但仍然没有得到回应，只得索然离去。洛克菲勒呢？就像根本没发生任何事一样，重新拿起笔，继续他的工作。

看完这则故事，我们不得不感慨，洛克菲勒确实是一个忍耐力极强的人。面对陌生人的无理取闹，如果他以同样的态度对待，情况就会更糟。

因此，如果你能拒绝生气，保持冷静和沉着，那么你就已经掌控了整个局面。

可见，一个成熟的人应该有很强的情绪控制能力。无论遇到什么事情，哪怕是违背自己本意的事情，也得控制自己的情绪，不能有过激的言行。唯有如此才能成就大事，从而达到自己的目标。

那么，我们如何提升自身的情绪掌控能力呢？以下是专家提的几点建议：

1.要愿意观察自己的情绪

不要抗拒做这样的行动，以为这是浪费时间的事，要相信，了解自己的情绪是重要的领导能力之一。

2.要愿意诚实地面对自己的情绪

每个人都可以有情绪，接受这样的事实才能了解内心真正的感觉，更合理地去处理正在发生的状况。

3.问自己四个问题

我现在是什么情绪状态？假如是不良的情绪，原因是什么？这种情绪有什么消极后果？应该如何控制？

4.给自己和别人应有的情绪空间

给自己和别人停下来观察自身情绪的时间与空间，这样才不至于在冲动下做出不适当的决定。

5.替自己找一个安静身心的法门

每个人都有不一样的方法使自己静心，都需要找到一个最适合自己的安心方式。

身处低谷而不悲观，承受压力而不退缩，能够做到这两点的人，必定是个善于管理情绪的人，也是个能够掌握自己生活的人。他们与人相处和谐而愉快，出现矛盾和摩擦时以其出众的涵养与风度缓和并解决问题，这种人注定是最终获得幸福和成功的人。

## 做人别太累，死要面子活受罪

俗话说："人争一口气，佛争一炷香。"在中国人的眼里，面子这个东西是非常重要的，它总是与一个人的人格、自尊、荣誉、威信、影响、体面等联系在一起。如果一个人的面子受到损害，他就会下不来台，就会生气。因为爱面子，也怕丢面子，所以有些人总是千方百计地维护自己的面子，而正是在这一过程当中，他们失去了许多更加有价值的东西。那些死要面子的人，真正到了自己的正当利益受到损害或面临威胁时，却因为害怕丢面子而不敢站出来据理力争，最后只能看着本来属于自己的那份利益被他人拿走，可谓是哑巴吃黄连——有苦说不出。

鲁迅在《说“面子”》这篇文章里面说，“要面子”与“不要脸”实在也有很难分辨的时候。例如，一个绅士，叫他四大人吧，有钱有势，人们都以能和他攀谈为荣。有一个专爱夸耀自己的叫花子，有一天突然高兴地对大家说：“四大人和我说过话了！”大家既惊奇，又很羡慕，问他：“说了什么呢？”叫花子回答说：“我站在门口，四大人出来了。对我说：‘滚开去！’”所以，有些自以为有面子的人，实际上是“不要脸”的人。在生活中我们要时时警醒自己，看看自己是否要了不该要的面子。

或许有人说，男子汉大丈夫，怎么可以不要面子呢？到底是什么是面子呢？难道大丈夫的面子就是在妻儿面前发号施令、颐指气使？难道大丈夫的风度就是当众喝酒赌博、狂言乱语？俗话说得好：“大丈夫能屈能伸。”假如大丈夫连一点小事都觉得丢了面子，那还算是一个大丈夫吗？

1.不要为了面子把自己逼疯

在生活中，有的人原本很穷，却死要面子，勒紧裤腰带与人比阔；有的人，为死要面子，四处吹嘘自己怎么怎么“有能耐”“能办事”，无限夸大自己所谓的“后台”是如何如何“硬”；也有的人明明很高兴，却死要面子，假装深沉，装作没事一样。其实，这些事情是很有可能把自己逼疯的。那些爱面子的人，总是采取一种务虚而不务实的态度，把面子放在绝对不可动摇的位置，自动承受由此带来的利益上的巨大损失。

2.不要得了面子，丢了里子

面子是表面的，是虚浮的，要面子就是虚荣心的表现；而里子是深层的，是实实在在的。面子华而不实，里子却是表里如一。里子真实的人，虽然没有外表的美，却有内在的美，最终会得到人们的理解和尊重。而那些只要面子，不要里子的人，就如同一个人没有了灵魂，这个躯壳也没有什么用！

面子是表面的，并没有什么实际的内容。在对待面子这个问题上，我们一定要学会放下，既不能不要面子，也不能死要面子，让自己活受罪。否则，自认为要了面子，其实往往是丢了面子；丢了面子还算是小事情，若是让自己白白吃了哑巴亏就太不划算了。

## 学会合理释放坏情绪

坏情绪积压在心中久了，就像等待迸发的岩浆，从里到外都是滚烫的，很容易伤害到他人。在生活中，若不及时释放心中的坏情绪，尤其是对某个人形成的坏情绪，将会对自己或他人造成巨大的伤害。或许，我们常常看不惯某个人的习惯、讨厌某个人的说话方式以及行为方式，而且出于颜面或自尊没有办法向对方说明，但是，我们却不能制止心中那股“坏情绪”的滋长，导致崩溃。事实上，每个人都欢迎不同的意见，相比较而言，他们更不喜欢不声不响就生自己气的人。所以，如果你对某个人产生“坏情绪”，不要放在心里，要试着用委婉的方式表达出来，化“坏情绪”于无形，更好地解决问题。

王先生举家搬到了繁华的深圳市区，原以为以后的日子会越过越好，却没想到由于孩子的教育问题时常与老婆发生矛盾，两人关系日益恶化。王先生性格比较内向，不善言辞，每次吵架都说不过能说会道的老婆，因此，每次吵架之后，他就一个人到卫生间生闷气。

那天，王先生和老婆在家里等着儿子回家，等了很久也不见儿子回来，生气的王先生开始不由自主地埋怨老婆：“天这么晚了，孩子还没回家，都是你惯出来的。”老婆不甘示弱，两人又吵了起来。不一会儿，儿子从网吧回到家看见爸妈吵得不可开交，索性躲进屋里继续玩电脑。吵了半天，两人都疲倦了，老婆不再搭理王先生，到卧室躺在床上睡觉，王先生的气还没有消，他把自己关进卫生间闷头抽烟。他一边抽烟，一边思索，越想越生气，心中的怒气像快要喷出的岩浆，阻拦不住。

过了几个小时，王先生突然从卫生间出来，气愤地大吼：“这日子没法过了，还不如一把火烧了干净。”说完，王先生就摔门而去，过了好一阵子，他回来了，手中提着沉甸甸的汽油，吓得老婆和儿子夺门而逃。这时，家中已经是浓烟滚滚，王先生站在屋门口放声痛哭了起来。

王先生对老婆有相当深的“坏情绪”，但是，他并没有委婉地表达出自己的意见，反而总是短兵相接，导致两人的矛盾越来越严重，直至最后点燃了自己心中长久以来的“坏情绪”，造成了悲惨的结局。其实，对他人生闷气非但不能解决问题，反而会招致更严重的后果，对于夫妻之间更是如此。夫妻两人如果有什么矛盾，可以敞开心胸，吐露自己的真实想法；如果对方有某些行为让自己生气，我们也可以委婉地向对方表明，这样一来，矛盾弱化了，心中的坏情绪自然也就消释了。

老伯的老伴前不久去世了，他常常一个人闷闷地坐在那里，眉头紧蹙着，似乎总是在生气。如果有人跟他打招呼，他就回一个微笑，接着就会打开话匣子，开始说自己的儿子、女儿、媳妇的种种不是。那些抱怨的话是别人不能接口的，只能静静地听，大家都觉得这是一个很难相处的老人家！

有一次，老伯正在进行冗长的抱怨，旁人问道：“你有没有跟儿女讲过你的这些不满呢？”老伯愣了一下，大声说道：“这还要跟他们讲吗？他们是做子女的，自己当然要知道父母的不满啊！只有那些不孝顺的，才需要我讲。”旁人呆住了，老伯接着说：“他们要是没顺我的意思，我就不跟他们讲话，叫我爸爸，我也不搭理，这样一来，他们就会怕我，就不会不孝顺我。如果不怕我，就不会孝顺我，就会放我一个人住，那时，我就可怜了。”说着，老伯似乎露出来一丝微笑：“现在，我已经3天不理他们了，媳妇叫我，要比平常时叫更多遍。”

这的确是一个喜欢生“闷气”的老伯，在他那固执而又蛮横的逻辑里，似乎只有生气才能赢得儿女的孝顺。或许，老伯是因为没有赢得预期的对待才会用自己的情绪去勒索他人。事实上，这是一种极为不恰当的做法，生闷气只会把自己推向孤立无援的境地。如果这位老伯能够委婉地说出自己的情绪和想法，对儿子、媳妇与女儿表达关心，那么，一家人是可以和睦而温馨地相处的。

试着放下自己对他人的“情绪”，如果自己心中真的有什么想法，那就委婉地将自己的情绪反应如实地告知对方，这样对方才能清楚地知道你到底为什么而生气。而且，这样既可以解决与他人之间的问题，还可以溶解心中的闷气，化坏情绪于无形，使自己的情绪回归于平静。

1.不要生闷气

传统的中国人似乎更倾向于生闷气，更容易被消极情绪所影响；然而，愤怒的情绪就像洪水一样，堵不如疏。心中有了闷气，我们就要想办法疏通，学会自我调节，生气时寻找合适的渠道释放情绪，适当地表达自己的真实感受。否则，会影响彼此之间的感情。

2.不要让小脾气积累为坏情绪

有时候，两个人之间生气，刚开始时可能大多是不满情绪或愤怒的“小气”，但是，由于郁积在心中的小脾气一直没能得到释放，积累为坏情绪，相互之间的关系就会越来越恶劣，结果使矛盾更加严重，“小气”逐渐滋长为“大气”，甚至引发一系列悲剧。

## 遇事不钻牛角尖，凡事留有余地

尽管喜欢钻牛角尖的人都比较聪明，反应也比较快，而且掌握一定的知识——否则他不能那么及时地反驳别人，也一下子说不出那么多事例来——但这样的人并没有多么高深的学问，他所掌握东西都是为了满足自己的一种特殊心理需求。不管别人说什么、做什么，他都会找一些事例来反驳，仿佛不证明自己是对的就不会罢休，不把别人说得无话可说就不舒服，不占上风就不痛快，不把别人噎得上不来气就不高兴。不管是说话还是做事，他们都是典型的喜欢较真的人，但其实他们自己也知道这样的习惯不好，常常会让自己成为大家讨厌的对象，但每到特殊情境的时候，却总是身不由己。

老李是一个爱钻牛角尖的人，别人说东他偏要说西，如别人说抽烟喝酒多了不好，对身体有害，他就会说："某某某只喝酒不抽烟，只活了70多；某某某只抽烟不喝酒，活了80多；某某某又抽烟又喝酒，活了90多，有的人吃喝嫖赌样样通，结果活了100多。"别人说做人要讲道德，要有良心，他就会反驳说："良心多少钱一斤？杀人放火有马骑，烧香磕头受人欺。"如果别人说要谨慎做人，小心做事，他就会说："撑死胆大的，饿死胆小的，宁愿撑死，也不能做个饿死鬼。"别人要说尊老爱幼，他就会说："那些丧尽天良的父母应该尊重吗？"总之，不管别人说什么，他都会找出一些例子来反驳。别人说的明明是普通现象，他偏要找出一些个别的事实来对付人家；如果别人说已经成为事实的例子，他就会找出一些可能发生的事情对付人家。

老李的钻牛角尖不仅表现在说话上，还表现在做事上。最近，老李打算自己创业，他去银行取了家里的所有积蓄，打算南下贩货回家乡小镇上卖。在临行之前，老朋友老张过来拜访。见到老朋友，老李饶有兴致地说了自己的计划，老张有些担心地问："你就这样冒冒失失地去吗？我觉得你应该事先做好市场调查，看哪些货在老家比较受欢迎，然后再看南方那边的货是怎么批发的，以便拿到最低的批发价格，这样才能确保万无一失。"老李爱钻牛角尖的毛病又上来了："谁说一定要这样做，兴许这次上天一定会让我赢呢？你就在家里等着我发财回来吧。”老李说走就走，也不顾家人朋友的阻拦，结果是可想而知的——他惨败而归。这下他才意识到自己爱钻牛角尖的脾气的危害，但总是改不掉，就好像陷入一个泥沼中一样。

无论是说话还是做事，老李都是一股子牛脾气，喜欢钻牛角尖。别人说的话，他偏要反驳；别人的建议，他偏不听；别人说的措施，他偏偏不去做。虽然在很多时候，这种人自己也清楚什么才是正确的，但他们就是不肯放下内心的较真劲儿，别人越是反对的事情，他们越是要去干，直到失败了才知道回头。

1.听从内心的声音

在生活中，我们大多数人都会犯“钻牛角尖”的错误，当然，程度上还是会有差异的。当我们在听到别人说什么、做什么的时候，为了表现自己，总是会违背内心的声音，去做一些反对别人的事情。难道这样我们心里就会得到满足吗？实际上，我们所面对的是别人不理解的眼光以及内心的痛苦。因此，放下内心的固执，学会听从内心的声音吧！

2.虚心听听别人的意见

喜欢钻牛角尖的人是比较自我的，他们总是觉得自己的想法才是对的，而别人的想法总是有那么一点点不完美。有时候，即便别人所说的方法是可行的，他们也会从中挑出一些毛病。对此，在生活中，我们要学会听听别人的意见，以虚心的态度接纳别人的意见，这样才不会被自己内心的固执所累。

# 第 03 章

# 不满情绪是一种负累，别让抱怨毁了生活

生活中的抱怨常常是为了发泄不满情绪，为了通过责怪别人来证明自己的正确和无辜。然而，抱怨之后呢？除了获得偶尔的一些同情，更多的是自己散发出的负能量会让人们与自己渐行渐远。不满情绪是一种负累，别让抱怨毁了你的生活。

## 抱怨久了，自然会上瘾

许多人喜欢抱怨，好似祥林嫂一样，见人就诉说自己儿子，逢人便哭诉自己的不幸，久而久之便形成了一种习惯。许多人常常把抱怨当作一种宣泄的方式，由于内心苦闷积压太深，没有办法得到排解，于是，他们选择向家人或朋友“宣泄”，开始无休止地抱怨。对这样的情况，心理专家警告：“抱怨是毒品，远离抱怨，快乐地活在当下。”也有人这样说：“抱怨看起来像毒品，只能获得暂时的快感，却能要了你的命。”的确，抱怨就是毒品，抱怨多了，时间久了，自然就会上瘾，最关键的是，抱怨还会伤害到自己的朋友和家人。

有这样一则古老的寓言：

从前，有一个年轻的农夫，他平日的工作就是划着小船给另外一个村子的居民运送自家的农产品。正值酷暑难耐的季节，年轻的农夫汗流浃背，感到苦不堪言。为了尽快完成工作，年轻的农夫心急火燎地划着小船，以便能在天黑之前返回家中。突然，年轻的农夫发现有一只小船沿河而下，迎面朝自己快速驶来，眼看着两只船就要撞上了，那只小船却丝毫没有避让的意思，似乎是有意撞翻自己的小船。

年轻的农夫心中顿时有了火气，大声对那只船吼道："让开，快点让开！你这个白痴！再不让开，你就要撞上我了！"但是，年轻的农夫的吼叫完全不管用，那只船义无反顾地向自己驶来。尽管年轻的农夫手忙脚乱地为其让开水道，但为时已晚，那只小船还是重重地撞上了自己。年轻的农夫被激怒了，他怒视对面的那只小船，但是，令他吃惊的是，那只小船上空无一人，而被自己大呼小叫、责骂的只是那只挣脱了绳索、顺河漂流的空船。

这则寓言故事给予我们一定的启示：再多的责骂、抱怨，也不能改变事情的发展方向。在一般情况下，当你极力抱怨的时候，尽管会有人无私地当你宣泄的"垃圾桶"，但是，你所抱怨的事情绝不会因为你的抱怨而朝好的方向发展。

一位喜欢抱怨的女孩走进了心理咨询室，她刚坐下，就向心理医生抱怨："我十分痛苦，因为我发现，连男友也不能包容我的脆弱。"心理医生好奇地询问："比如，在什么地方他不会包容你？"女孩满脸苦恼："我向他袒露自己的痛苦，他却一点都不理解，反而指责我，这令我非常痛苦，这样的爱情有什么意义呢，我真想分手。"心理医生继续问道："你男友说了什么话，最让你印象深刻？"女孩想了想，说道："他说受不了我的抱怨，说我总是看到事情消极的一面，却对积极的一面视而不见。"心理医生问道："那你知道你为什么喜欢抱怨吗？"女孩迟疑了一会儿，含糊地说："因为我有个爱抱怨的妈妈。”

心理医生对女孩说：“那男友对你的抱怨的看法，像不像你对妈妈的抱怨的看法？”女孩点点头：“是的，从小到大，我饱受妈妈抱怨的折磨，但是，没有想到，我也像妈妈一样，成了一个喜欢抱怨的女人。”心理医生引导道：“那你再多说说对妈妈的抱怨的理解和感受吧。”女孩说：“第一感觉就是烦，然后就想逃跑。小时候，我一听到妈妈的抱怨，就想努力去改变，希望能够消除妈妈抱怨的根源，但是，即使事情有所改变，妈妈还是会抱怨。那时候，妈妈总是抱怨爸爸不给钱，但是，后来我发现，妈妈似乎从来不主动找爸爸要钱。当时，我实在难以理解，妈妈抱怨所追求的到底是什么，似乎只是在追求抱怨似的。”心理医生点点头：“你妈妈已经深陷抱怨的‘毒’中，而你现在的状况也很危险，再这样抱怨下去，抱怨会成为你的一种习惯，并不断地伤害那些跟你关系亲密的人。”女孩内心充满了忧虑，却又不知道该怎么办。心理医生向女孩建议：“正如你男友所说，试着去看到事情积极的一面，怀着一颗感恩的心，这样你就会慢慢改掉抱怨的坏习惯。”

有人说：“抱怨就好比口臭，当它从别人的口中发出时，我们就会注意到；当它从自己的口中发出时，我们却能充耳不闻。”想想自己身边那些喜欢抱怨的人，他们身上似乎有着祥林嫂的影子；再回想自己的生活，自己是否也在抱怨呢？如果发现自己正陷入抱怨的泥潭，应保持警惕，一定要拒绝抱怨，快乐地活在当下。

哲学家厄尔·南丁格尔说：“我们会成为自己想象、思考的东西。”因此，我们应该以快乐、幸福以及幸运的心态去面对生活和工作、面对家人和朋友。有什么理由值得我们去抱怨呢？抱怨的最终结果不过是使我们成为令人讨厌的人，没有人喜欢听我们的抱怨，即使是最亲的家人和朋友，因为谁也不想当一个“垃圾桶”。

1.不要成为怨妇、怨夫

回想一下，可能每个人的生活都充满太多的抱怨，甚至突然发现自己几乎成了一个“怨妇”或“怨夫”，有可能生活中的一丁点不如意就点燃了内心那些莫名的怒火和怨气，在抱怨的过程中，人的脾气变得越来越暴躁，内心越来越不安，心情越来越糟糕，整个人就这样陷入了抱怨的恶性循环。很多人往往会将对一件小事的怨气衍生到其他一些事情上，而对其他事情的抱怨又会导致更多的抱怨，自己的抱怨会招致家人和朋友的抱怨，而家人和朋友的抱怨又会招致自己更多的抱怨，如此无限循环，周而复始，最终，他们的生命在抱怨声中画上句号。

2.没什么值得抱怨

厄尔·南丁格尔曾说：“我们所拥有的一切都是自己造成的，可是只有成功者会这样承认。”或许，对于成功者来说，是成功的辉煌让他们主动承认这就是自己的功劳；相反，那些生活得十分糟糕的人，却不愿意承认一切都是自己造成的。既然是自己造成的，这有什么值得抱怨的呢？

## 珍惜眼前，别再抱怨了

幸福在哪里？哲人说："幸福不需要刻意寻找，它就像一棵草，散布在葱绿的田野，到处都有。"或许，有人对此表示怀疑：真的是这样吗？我怎么没有感觉到呢？这是因为那些没能幸运地感受到幸福的人，心中充满怨气，怨气的浓雾模糊了他们对幸福的感觉。幸福其实就在每个人的身边，时时刻刻环绕着人们，时时刻刻惠顾着人们，怎么会感觉不到呢？每天，我们能从母亲手中接过饭碗，吃上可口的饭菜，内心感激有一个疼爱自己的母亲；坐在阳光洒落的办公室，内心感激拥有一份自己喜欢的工作。

刚认识他的时候，小娜是一个刚刚毕业的大学生，他却是一个落魄的穷书生，虽然"大学老师"听起来很光鲜亮丽，但对于年轻的他来说，什么都没有，只有一间十几平方米的小屋。因为爱情，小娜选择跟他在一起，朋友表示难以理解："他什么都没有，你跟他在一起会幸福吗？"小娜脸上洋溢着幸福和快乐，说道："但是，他陪在我身边，我很珍惜跟他在一起的日子。"

结婚后，他转行做生意，虽然满脸书生气，但在复杂的商海里，却如鱼得水、应付自如，很快就成了一个成功的商人。小娜还是那张幸福的笑脸，在家里照顾孩子和他，一举一动都充斥着爱的气息。无论他晚上回来有多晚，小娜总是将热腾腾的饭菜端上来，她明白在外应酬大多时候都是喝酒，她担心他的胃。有时候，总有一些关于公司那个美丽的女秘书的闲言碎语，可小娜却笑着回应："应该感激有这样能干的秘书帮助他，我在家里也省心了。"这话被传到了公司，渐渐地，女秘书竟成了小娜的闺中密友。一转眼，小娜结婚也有10年了，有人问她幸福的秘诀是什么，她只是微微一笑，说道："幸福就是怀着一颗感恩的心。"

在西方流传着这样一句谚语："所谓幸福，是有一颗感恩的心，一个健康的身体，一份称心的工作，一位深爱你的爱人，一帮可信赖的朋友。"感恩是幸福之首，获得幸福的首要条件是拥有一颗感恩的心，知感恩，你才会获得真正的幸福。有的人不懂得珍惜眼前的幸福，总觉得别人欠自己的，总觉得别人对自己不够好，总觉得自己的生活不够完美，在声声抱怨中，他们亲手抛弃了幸福。

办公室里，经常听到阿兰这样的声音："办公室工作，清闲倒是清闲，可没有什么油水，不像你们做业务的，一笔单子就相当于我干一年……""什么？你的年终奖有1万元啊？凭什么你们公司这么大方啊？我跟你的工作差不多，可我的年终奖才不到3000元，还是你们公司好……""你老公真有本事，都自己开公司了，唉，哪像我那位，只能是打工仔的命咯……"在同事们看来，阿兰太喜欢比较了，远到以前的同学，近到现在的同事，她都要比一比，常常是絮絮叨叨地抱怨："比我强？凭什么？"

在公司，同事们都避开她，中午大家在食堂吃饭，只要是阿兰在场，同事们都会主动谈起自己的倒霉事："哎呀，我昨天又丢了一笔大单子，损失不小哇……"大家都觉得，若是谈论一些倒霉的事情，也许能相对降低阿兰的敏感度。时间长了，阿兰也知道了同事们的用心，有时候，她也这样问自己："我只不过才工作一年，而且这份工作很稳定，衣食无忧，还有什么不满意的呢？"同事们也经常安慰她："你看你，这么年轻就做办公室工作，多有福气……"逐渐地，阿兰懂得了感恩，开始珍惜自己眼前的幸福与快乐，那些比较、抱怨的声音越来越少了。

许多人都有这样一个特点：过分地去比较，而忽视了自身的价值。在日常生活中，他们所关注的是谁又升职了，谁又买房了，谁又换车了，再想想自己的生活，却是一成不变，心里失去了平衡，抱怨就开始了。事实上，没有升职，没有房子，没有车子，我们依然可以幸福，幸福并不是建立在比较之上，而是珍惜眼前。所以，请珍惜眼前的幸福，用感恩的心驱走心底的怨气。

托尔斯泰说："我并不具有我所爱的一切，只是我所有的一切都不是我所爱的。"如果一个人内心充满了感恩，那么，他对生活就会充满爱。而爱自己的生活，就一定会感受到幸福。

1.学会欣赏生活

人们常常身处幸福之中却感受不到幸福，这是因为缺少了那份感恩之情。学会欣赏生活中一切美好的事物，对身边每一个关爱自己的人心存感激，慢慢地，你会发现自己的需求变得越来越简单，心态也越来越平和，你能够从那看似平淡的生活中捕捉到幸福快乐的因子。所以，一个知感恩的人才是心态端正、心理健康、心智成熟的人。

2.珍惜眼前幸福

一位作家这样写道："家庭也好，单位也好，部门也好，都是由一个个活生生的人组成的，要实现整体的和谐，需要每一个成员的共同努力，最主要的是大家都应保持健康的心态，应常怀一颗感恩之心。"如果不懂得感恩，心中必会充满抱怨：菜太咸了！朋友能出去旅行，而自己呢？每天辛苦工作，工资却少得可怜。当怨气占据了一个人的心，幸福就会与他肩而过，所以，请珍惜眼前的幸福，用感恩驱走内心抱怨的雾气。

## 别成为现代版"祥林嫂"

相信大家都对鲁迅笔下的"祥林嫂"有着深刻的印象，对于这样一个命运悲惨的女人，我们无法不同情她、可怜她。然而，在一次又一次听腻了祥林嫂的讲述之后，人们的同情之心渐渐淡去，剩下的只是无尽的厌烦。其实，现实生活中也不乏祥林嫂这样的人，尽管很多人都没有意识到自己是“祥林嫂”的翻版。例如，单位里竞选处长，你原本以为这个位置非自己莫属，最终这个位置却花落他家，因此，你心理很不平衡，处处抱怨，日久天长，原本同情你的人就会觉得你真的不是当处长的料。

当然，不仅在单位中有“祥林嫂”，在家庭生活中更是有很多“祥林嫂”。如今，人与人之间的关系越来越微妙，婆媳之间、翁婿之间、夫妻之间等，一旦处理不好，难免有人会心里不平衡，觉得自己的付出没有得到回报，由此产生怨气。生活中常见的景象是，媳妇们在一起时谈论婆婆们的不好，婆婆们在一起时数落媳妇们的不是，冤冤相报何时了呢！假如我们能够以平和的心态对待生活与工作中的得失，假如我们能够以宽容的心态包容家人、朋友的缺点，那么我们的生活必将少一些抱怨与戾气、多一些美好与温情。

章明没有考上大学，这不仅使家人出乎意料，就连街坊四邻都跟着为他鸣冤叫屈。对此，章明自己更是心不甘情不愿。原来，高考的前一天，章明回家的时候遇到一个孩子，孩子险些被车撞了，因此，他奋不顾身地从车轮下救下孩子，自己却因此而摔断了腿。整整一夜，章明都没有合眼，因为伤口处实在太疼了。即便如此，第二天，他还是在爸妈的帮助下准时赶到考场参加了考试。结果，章明以几分之差与自己心仪的大学失之交臂。对这样一个学雷锋的英雄，一时之间，很多报纸都报道了章明的事迹，章明自己在高考的失意下也不停地复述着自己当初救人的英雄举动。刚开始的时候，大家还对章明怀着崇敬之情，后来，随着一遍一遍的讲述，人们渐渐地厌烦了，报纸也不再报道章明的事迹了。沉寂下来的章明困惑了，自己为了救人没有考上大学，为什么没有人帮帮自己呢？他的心理产生了不平衡。

后来，章明的舅舅来看望章明。看着失落的章明，舅舅说："虽然你是因为救人才受伤的，但是你未必是因为救人才高考失利的，这是两码事。假如你始终沉浸在救人的光环中不愿意出来，那么人们就会觉得你是在把救人当高考失利的借口。如今，你最需要做的事情就是忘记救人的英雄事迹，赶紧振作起来，认真复习，准备参加明年的高考。这才是值得人们钦佩的。"听了舅舅的话，章明恍然大悟。从此，他绝口不提救人的事情，而是一心一意地投入紧张的复习。

假如章明继续不厌其烦地诉说自己的英雄事迹，那么结果会如何呢？舅舅的话是很犀利的，但是却说出了事实。而章明后来的做法，才是值得人们所称道的。章明是幸运的，舅舅及时的点拨使他挣脱了不平衡的心理怪圈，从而能以更加理智和明智的态度展开自己的人生。

没有人欢迎"祥林嫂"，因为别人的同情是最廉价也是最沉重的负担。我们要挣脱一切重负，勇敢地面对人生的坎坷和挫折。

# 学会接纳他人的不足之处

这个世界并不缺少美，缺少的只是发现美的眼睛。俗话说："金无足赤，人无完人。"任何人都不可能没有一点缺点，伟人也好，平凡人也罢，都是如此。如果总是看到他人的缺点，抱怨他人的种种不好，那我们怎么可能愉快地与人相处呢？生活中，我们常常为鸡毛蒜皮的事情吵闹，好像让步就等于自己吃亏一样。其实，退一步海阔天空。只要退一步，我们就会发现事情可以往更美好的方向转变；只要退一步，不过多地审视别人的短处，我们就会发现别人身上的闪光点，就会发现自己的抱怨是多么可笑，就会发现快乐是这么简单。

人各有所长，不要总是戴着有色眼镜去看他人，埋怨他人这样或那样，这是一种很不好的习惯，而且会影响自己的情绪。其实，总是跟他人做对比本来就是徒增烦恼的行为，也是聪明反被聪明误的开始。如果你足够强大，那就敞开心扉去帮助他人，相信你的努力会让彼此的心情更加明媚。

如果对他人的缺陷感到反感，你更应该去做的是接纳，而不是抱怨。

1.懂得欣赏别人

学会欣赏也是一种尊重和关爱，欣赏能够增加别人的勇气和信心，给别人带来很大的激励。慢慢发现别人的优点，学会欣赏别人，不要总是抱怨，这样才能成为一个心胸宽广的人。

2.学会包容与接纳

每个人都是不完美的，都有一定的缺陷，这就是所谓的“人无完人，金无赤金”。我们很多时候总是忽略自己的不足，既然如此，为什么还对他人的缺点斤斤计较呢？再来想一想，“三人行，必有我师”，其实你觉得有缺点的人也都有他们的优点，或许有的优点还是自己应该学习的地方呢。

## 换位思考，多理解少抱怨

社会是个大舞台，上面汇集着各种性格的人。在与人交往时，烦心事时常有之，学会转换心情才是真道理。抱怨、反感等不良情绪只会让我们更加烦躁，所以我们要学会换位思考，多理解少抱怨。当我们懂得去换位思考的时候，就会在遇到问题时多站在别人的角度来看待，设身处地为他人着想。这样，我们不仅能赢得友谊与好感，还能让自己保持心胸豁达，收获美好的心情。当做到这些的时候，我们就能够更多地理解别人、宽容别人。在生活中，学会换位思考，化干戈为玉帛，把一些消极的思想转换为更加积极乐观的思想，这样我们看到的就会是生活中更为美好的一面，也会随之更加愉悦、舒心。

曾经有这样一个故事，让我们懂得快乐不是强加的，我们只有站在他人的角度去体会对方的快乐，才能感受到其中的真正快乐。

圣诞节来临了，有一位母亲带着自己5岁的儿子去买礼物。街上可谓是热闹非凡，圣诞歌飘荡在空中，橱窗里的礼物像是在向大家招手……整个街道都沉浸在节日的欢乐海洋里。

“眼前的这个绚丽而又美好的画面会让一个5岁的男孩多么兴奋、多么开心啊！”母亲毫不怀疑地想。然而出乎她意料的是，儿子紧拽着她的大衣衣角，呜呜地哭出声来。

“为什么哭了呢，我的宝贝？你如果不高兴的话，怎么迎接圣诞精灵啊！”

“我……我的鞋带开了……”

于是，母亲蹲下身来，帮儿子系鞋带。无意之间，母亲抬头看了一眼周围。这一刻，她惊呆了，本以为儿子会为这热闹的场景兴奋得手舞足蹈，可是原来他什么都看不见。她眼中橱窗里的礼物，她眼中五颜六色的花灯，她眼中……这一切对于年仅5岁的儿子来说，以他的身高原来什么都看不到。儿子看到的是来来往往的长腿和不断闪过的裙摆……

眼前的场景让这位母亲感到恐惧与难过。她从来没有站在儿子的角度去思考问题，想一下什么才是他真正喜欢的。她感到非常震惊，立即起身把儿子抱了起来……

自此以后，这位母亲懂得了什么是换位思考，也不再把自己眼下的快乐强加给儿子，而是“站在孩子的立场上看待问题”。

学会换位思考，多一份理解，少一份争执，也少一些抱怨，能体现出你良好的修养和宽广的心胸。下面这个故事将会告诉你这个道理。

小敏是一家咖啡店的服务员，每天都要面对各种各样的顾客。

“服务员！抓紧来一下！”一位男士大声喊着，一手指着面前的杯子，气愤地对小敏说，“看看！看看！你们的牛奶是坏的，把我的一杯好红茶都给糟蹋了！”

“这位先生，真是不好意思！”小敏马上走上前向这位男士道歉。然后，她笑着对顾客说，“您稍等，我重新给您换一杯。”

小敏立刻为这位男士端来一杯新的红茶，跟之前的是一样的，碟边依然准备了新鲜的柠檬和牛奶。她慢慢地把红茶端到这位男士的面前，又轻声对顾客说：“不好意思，我是不是能建议您，如果放柠檬，就不要加牛奶了，因为有时候柠檬酸会造成牛奶结块，而且味道也不是那么纯正了。”

这时这位男士的脸刷的一下红了。他快速地把茶喝完，什么也没说就急忙走了。这时，有人对小敏说：“明明是他自己的问题，你为什么不直说呢？他还对你那么粗鲁，你为什么不还他一点颜色看呢？”

“这位男士之所以会这样是因为他不知道里面的缘故，所以没必要跟他生气，其实这样委婉地告诉他更容易让他接受！”小敏说，

“换位思考一下，也可以为他留点面子。现在都提倡以和为贵，我们也应该用和气来招待顾客！和气才能生财嘛！”

如果在生活中能够做到换位思考，就会让结果截然不同。学会换位思考，就能多一份理解、少一份争执，不仅能体现你的修养，更能赢得别人的尊重。同时也不会因为抱怨与吵闹影响到自己的好心情。

朋友们，你是否感觉身边着很多的抱怨声？例如，埋怨社会不公，埋怨付出与收获不成比例，埋怨家人不理解自己，埋怨总是处处不顺心……远离抱怨的世界，我们才能在自己生活的原点改变自我，发现一个全新的自己，让人生充满欢乐。我们要懂得扩大自己的心胸，懂得从他人的角度思考问题，这样才能发现我们眼中的世界原本可以如此美丽，生活原本可以如此丰富，精神原本可以如此充实。

## 学会珍惜，懂得知足

“知足才能长乐”，芸芸众生都知道这个道理，但只有极少数人才能达到这个境界。所以，大部分人都不能感觉到生活的乐趣所在，相反，他们总是抱怨生活太苦、困难太多、命运太艰难等。其实，在短短的人生旅途中，人人都有所求，但没有人能够拥有世间的一切。人们所求各不相同，但万涓细流，终将汇聚成海，归根结底，人们所求的乃是快乐。世上没有比快乐更可贵、更难得、更为人们所普遍追求的东西了。

曾经有一个学者，他有一个梦想，那就是寻找到世界上最快乐的人。于是，他出发了。走了很远的路后，他发现，没有一个人说自己快乐。

这天，他终于见到了高高在上的皇帝，他看到皇帝的宝座金碧辉煌、皇帝本人一呼万应。他心想，皇帝应该是最幸福的人了，他便问皇帝："你一定是世界上最快乐的人了！"

皇帝愁眉苦脸地对学者说："我要是真的快乐就好了，我日理万机，要处理很多国家大事，要担心外侮侵犯，要担心大臣造反……哎！我是世界上最不快乐的人！"

连皇帝都不快乐，那么，谁才是最快乐的人呢？学者很苦恼，于是，他垂头丧气地从皇宫出来，慢慢走着，经过一片荒林时，看见有人坐在一堆火旁边，一边唱歌，一边烤着什么东西，走过去一看是一个乞丐，他奇怪地问道："看样子你一定很快乐了？"乞丐答："我捡到了半根香肠，晚上不用挨饿了！我现在是世界上最快乐的人！"

看完这个故事，我们不禁感慨万千，大千世界，芸芸众生，每个人的生活方式、生活状况都不相同，对快乐的定义、理解以及追求自然都不一样：孩子们的快乐很简单，一袋小零食、一件衣服、一次好的考试成绩都能让他们快乐；恋人们的快乐在于浪漫的约会、甜蜜的语言，出则牵手同行，入则相拥相亲；中年人的快乐是儿成女就、事业有成；老年人的快乐则是宁静、安详、平和……但所有的快乐都是建立在对现有生活感到满足的基础上的，一个不懂得知足的人是永远不懂快乐的。

那么，我们该如何体会知足的幸福呢？

1.比较法

例如，当你认为你的物质生活不够好时——当你认为房子不够大，当你认为车子不够豪华，当你为买不起LV包包而焦躁时，你想过没有，还有多少人却正在为房子忧愁，为明天的家庭开支担忧，为了一个几十元的包包与店铺老板砍价？这样一比，你便觉得自己其实是幸运的，也就不再为那些外在的物质而忧愁了。

2.注重精神世界的充盈

细心的你可能会发现，那些爱看书、听音乐、旅游的人看起来笑得更舒心，因为他们的业余生活是丰富的、充足的，他们不会为那些虚无缥缈的物质生活而烦恼，他们满足于现在的幸福生活。因此，丰盈精神世界是克制欲望的良好方式。例如，你可以把周末逛街的时间拿来学习英语、练瑜伽、读名著等。

生命只有一次，而且时间有限。所以，每个人都应该珍惜自己的生命，在有限的时间里，不要让自己太疲惫，要让自己过得快乐一点。快乐是人生最大的财富。

# 第 04 章

# 学会自我暗示，让正能量赶走负能量

自我暗示，又称自我肯定，这是使一种人们正在想象的事物坚定和持久的表达方式。积极的自我暗示，可以代替人们陈旧的否定式的思维模式，可以在短时间内改变人们对生活的态度和期望。

# 自我暗示，能量之源

曾经有这样一个实验，在一个班级里，心理学家拿出准备好的一个装着清水的、被清洗得毫无香味的精致香水瓶，告诉大家："我手上拿着一瓶香水，请一部分同学上来闻一下，看谁能分辨出这是什么香味。"他把瓶盖打开，学生们轮流去辨别，有的人说是青苹果味的，有人说是玫瑰花味的，有人说是丁香花味的……只是普普通通的水，没想到学生们竟然会闻出那么多的味道。当得知这只是一瓶清水时，大家不禁哄堂大笑。这就是心理暗示。

心理暗示，是指人接受外界或他人的愿望、观念、情绪、判断、态度影响的心理特点，是日常生活中最常见的心理现象——人或环境以非常自然的方式向个体发出信息，个体无意中接受这种信息，从而做出相应的反应。它常常悄悄潜入人的意识，直接对人的情绪和意志产生不同程度的作用。

在心理学领域，心理暗示被分为两类：他暗示和自我暗示。他暗示就是"他人暗示"，是指将某种观念或行为通过语言等暗示给他人。所谓自我暗示，是指透过我们的感官给予我们自己的心理暗示或刺激，不断地通过意识活动施加于我们的潜意识。这是一种对于潜意识的启示、提醒和指令，支配影响我们的行为。这些指令的属性决定了我们的潜意识反应。积极的自我暗示，让我们积极向上，自信而主动；反之，若经常进行消极的自我暗示，会让我们心态消极、陷入自卑的泥潭。

就是说，不同的意识与心态会有不同的心理暗示，而心理暗示的不同也是形成不同的潜意识与心态的根源。积极的心理暗示能够稳定情绪、树立自信、激发潜能；而消极的心理暗示则会扰乱人的心理、行为以及人体的生理水平。

故事一：

莉莉在老师的眼里是一位听话的学生，她脾气温和，成绩也非常不错，平日上课表现也非常积极，与同学之间相处得非常好，可是她却有考试恐惧心理，临近考试的时候总是心神不定，自感记忆力减退，对于考试能否考好总是忧心忡忡。莉莉在自述其成长经历时，无意中流露出对母亲无知的不屑和对父亲漠不关心的伤感，潜意识中有很深的自卑感，她始终认为自己的父母不够聪明，自己就必定不聪明，可是她自尊心又极强，做事从不服输。自卑和争强好胜两种意识冲突于内心，导致莉莉情绪烦乱。经常精神紧张、反复的心理刺激和复杂而又恶劣的情绪影响得不到及时的疏导和化解，时间长了就容易导致情绪消极，学习工作效率降低，自卑心理进一步加剧。莉莉的这种心理问题其实就是消极心理暗示的影响，本来可以做得很好，可是莉莉非要去多想一些没必要的事情徒增烦恼，给自己施压，结果导致自己一步步陷入悲观情绪的旋涡。

故事二：

相信大家都听过“望梅止渴”的故事。在三国时期，曹操率领部队去讨伐张绣。当时正是酷夏，头顶是一轮火辣辣的大太阳，前进过程中士兵们热得汗流浃背，渴得寸步难行，行军速度明显变慢，有几个士兵竟然体力不支晕倒在道旁。曹操看到这个情况，非常心急，别说是讨伐张绣，能坚持到那里也就不错了。于是他叫来向导，询问附近有没有水源。向导说最近的水源在山谷的另一边，还有不短的路程。曹操沉思一阵之后，一夹马肚子，快速赶到队伍前面，然后很高兴地转过马头对士兵说：“各位听好了，我们再坚持一下，加快脚步就能很快到达前方不远处的一片梅林，那里梅子非常好吃，到那里我们就可以好好休息一下了！”士兵们一听，不禁口舌生津，精神大振，步伐加快了许多。

从上面两个故事中，我们可以看出心理暗示对人的情绪、精神乃至人生都能产生很大的影响。消极的心理暗示会让人们在痛苦中不断沉沦，而积极的心理暗示会不断给人们带来自信和能量。所以，我们要学会巧用心理暗示调节出自己的最佳状态，成为一个充满无限正能量的人。

那么，我们应该如何做?

1.暗示语言要精练

我们要明白，潜意识里是不存在复杂的逻辑关系的，而我们的心理暗示要达到的效果就是激发我们潜意识里的能量，所以说，我们在暗示的时候要注意把控语言的简练性。例如，采用“我一定可以的”“我绝对没问题”“我是最棒的”等简单、精练的语言进行暗示。

2.暗示要积极向上

当经历挫折的时候，有人会暗示自己“没有过不去的坎，我一定能做到”，而有人则想“根本不可能做到”，这就是积极与消极的差别。如果你经常对自己进行积极的暗示，比如“很快就能学会”“我非常棒”，就会产生积极的思维和行为，困难也会很快被解决。

## 学会鼓励自己，拒绝消极心态

在人生道路上，困难和挫折是难免的，人生的起起落落也无法预料，但是有一点我们一定要牢牢记住：积极乐观，永不绝望。当你遇到逆境或者不顺心的事时，千万不要忧郁沮丧，而要鼓励自己，歼灭消极心态，不能让痛苦占据你的心灵。

古希腊神话中有一个关于西齐弗的故事很能说明这个问题。

西齐弗因触犯了天庭之法，被罚到人间受苦。他每天必须推一块石头上山。当他将石头推上山顶回家休息时，石头又自动滚下来，于是西齐弗第二天又得去推。天神想让他在“永无止境的失败”中遭受惩罚，以此来折磨他的心灵。

可是，西齐弗偏偏不吃这一套。他不认为这是让他受苦受难的命运安排。他一心想，推石头上山是我的责任；至于石头会滚下来，不是我的问题。因此，他心中始终平静如常，从不丧失信心，始终不放弃自己的职责，每天都满怀希望。天神见折磨西齐弗心灵的企图无法奏效，只好放他回了天庭。

用这个故事对照现实生活，我们可以得到有益的启示：“人必自助而后天助。”若连你自己都不愿帮助自己，还会有谁帮助你呢？只要始终自我激励，相信自己能行，永不放弃追求，那么我们就是命运的主人。因此，当我们受挫时，一定要告诉自己：“摔倒了也要漂亮地爬起来。”

可能很多人会产生疑问，如何才能具备积极的心态呢？其实，这完全在于我们自身的选择。当坏心情降临时，你可以用某些哲理或名言安慰自己，鼓励自己同痛苦、逆境做斗争。自娱自乐，也会使你的情绪好转。

例如，当你遇到了困难，想放弃时，可以告诉自己：“我是最棒的，我一定能重新站起来。”“别发火，发火会伤身体。”

另外，语言是影响情绪的强有力工具，也是激励自己最好的工具。当你悲伤时，朗诵滑稽的语句，可以消除悲伤。

总之，无论我们遇到什么事，都不要让消极心态有机可乘，要拒绝受控。一旦发现自己被消极心态袭击，就要马上自我保护，提醒自己它只不过是借软弱打倒理性的纯粹思维惯性而已，这样你便能歼灭那些消极心态了。

生活中，当我们因为压力而疲惫、因为挫败而苦恼时，当我们的情绪跌落到低谷时，我们要做的不是逃避、拒绝消极心态的来临，而是坦然接受，并及时调节自己的情绪，不断自我激励，依靠积极的力量，赶走自己不健康的心理状态。

## 凡事多往好的方面想

生活中，有些人常常会莫名其妙出现坏情绪。其实，他们可能并没有受到什么打击，也并非正在受什么折磨；恰恰相反，也许他们正处在人生的高峰期，不管是生活还是工作都让周围的人羡慕不已。据心理学家研究统计表明，这类人心情不好的主要原因并不是来自生活，而是来自自己的心态，这种心态是消极的，像一把大伞遮住了他们的心灵。因此他们的心里会觉得憋闷，心情自然不会好到哪里去。

曾经有个人怀疑自己得了癌症，吓得要死，每天食不知味，夜不能寐，焦躁不安，好像自己真的得了癌症一样。不到10天，他的体重就下降了十几斤。后来，他去医院确诊，排除了癌症的可能，才知道是自己吓自己，身体也慢慢恢复了。

相反，另外一个人，他已经被医院确诊为结肠癌，但他像完全没这回事，家人为他担心，他反倒劝慰家人，说人活一百岁也是一死，生死没什么大不了。接下来，他开始和癌症打起了仗，他坚信“两军相遇勇者胜”，于是不断地进行自我暗示：“我肯定能战胜病魔，我肯定能好起来。”吃药时他念叨：“这药很好，吃了一定有效果。”走路时他想着：“生命在于运动”……这样长期坚持自我暗示，渐渐地这种暗示对他的身心产生了良好的作用，10多年来，他不但病情稳定，而且症状消失，对身体的康复也越来越充满信心。

美国新奥尔良的奥施德纳诊所做过统计，在连续求诊而入院的病人中，因情绪不好而致病者占76%。这就告诉我们：情主沉浮，凡事往好的方面想，自然能战胜疾病。

生活中，无论我们遇到什么事，要想保持好心情，就要做到积极地自我暗示。这种自我暗示，常常会于不知不觉之中对自己的意志乃至生理状态产生影响。

自我暗示的方法有很多，你可以在心里暗示，也可以大声说出来，甚至可以在纸上写下来，更可以歌唱或吟诵出来，但无论采取什么方法，都需要坚持，如果你能每天进行十来分钟的练习，那么，就能消除你10多年来的消极思想习惯。自然，我们越经常性地意识到我们正在告诉自己的一切，选择积极、扩张的语言和概念，我们就越容易地创造出一个积极的现实。

人们的行动受潜意识的指示，而潜意识往往受到自我暗示的影响。在自我暗示的强大作用下，人们的行为、心理乃至生理，都会不自觉地朝向自我暗示所指示的方向活动、发展。也正因为如此，坚持进行积极自我暗示的训练，具有极为深远的意义。

## 积极暗示自己，摆脱低落情绪

生活中，人们的心情总是会因为周围发生的事而受到影响，当遇到不幸或者不快的事情时，心情会很低落。但无论遇到什么，我们都要积极暗示自己，不要被低落的情绪控制。那些成功者之所以成功，就是因为他们做到了这点。因为决定人生成败的是态度，积极乐观的人可以在任何时候都快乐，无论道路多么崎岖都会毅然向前走；消极悲观的人总是触景伤情，甚至感觉活着是那么艰难、是一种罪。所以，不管你身处何种境地，一定要保持正面情绪（积极、乐观、不抱怨），这样，你才能变得成熟、自信。

然而，生活中，许多人一陷入困境，就变得消极、悲观，甚至一蹶不振。其实，并不是困难打败了我们，而是我们自己打败了自己。我们应反复暗示自己，困境是另一种希望的开始，它往往预示着明天的好运气。因此，你只要放松自己，告诉自己希望是无所不在的，再大的困难也会变得渺小。这样，你也就能挣脱低落情绪了。

美国亿万富翁、工业家卡内基说过："一个对自己的内心有完全支配能力的人，对他自己有权获得的任何其他东西也会有支配能力。"当我们开始运用积极的心态并把自己看成成功者时，我们就开始走向成功了。

那么，我们该如何积极暗示自己摆脱低落情绪呢？

1.摒除消极的习惯用语

这些消极的习惯用语一般有：

"我好无助！"

"我该怎么办？"

"我真累坏了。"

……

相反，我们可以这样来激励自己：

"忙了一天，现在心情真轻松。"

"上帝，考验我吧！"

"我要先把自己家里弄好。"

“我就不信我战胜不了你！”

2.有意接收积极信息

每天早上，当你起床后，就要接触那些积极的信息，如果可能，和一位积极心态者共进早餐或午餐。不要去看早上的电视新闻，只要浏览一下当天的几条重要新闻即可，这几条新闻足以让你了解当天世界上的重大新闻。你可以多关心一些与你的工作和生活有关的当地新闻，对于那些惨案类的新闻，你要管住自己的眼睛，不要在早上就去阅读它们。在开车或者坐车去上班的途中，你最好听一些愉快的音乐……而晚上，不要花大量时间去玩网络游戏、看电视等，你应该多陪陪你的爱人和孩子，向他们讲讲当天的趣事。

当你情绪低落时，可以放下手中的工作和烦琐的生活，去你所在城市的医院、养老院、孤儿院看看，这样，你会发现，比你不幸的人太多了。如果情绪仍不能平静，就积极地去和这些人接触；和孩子们一起散步游戏，把自己的情绪转移到帮助别人上，并重建自己的信心。通常情况下，只要改变环境，就能改变自己的心态和感情。

每个人都有情绪低落的时候，许多悲观的人就此一蹶不振，而乐观者则能够及时调整好自己的心态，以乐观向上的精神面貌迎接各种挑战。一个乐观而又脚踏实地的人，必定能够成为一个出类拔萃的成功者。

# “假装快乐”，赶走悲伤情绪

人们常常以“强颜欢笑”形容他人内心悲伤，强颜欢笑的人只是因为不想被别人察觉自己的内心，所以才在表面上装出无所谓的样子，甚至把笑容挂在脸上给他人看。这样的笑容能够骗过不知情的人，甚至骗过知情的人，而有时候，它也能欺骗自己。也许有些朋友会问，我们总是因为郁郁寡欢而感到失落，怎么可能因为强颜欢笑就快乐起来呢？假如你愿意试一试，你就会发现，在你心情低落的时候，如果你能够假装欢笑，那么你必然不能只是欢笑，你还要在别人面前装模作样地与他们高兴地聊天、交流。时间长了，你会发现自己心底里的悲伤没有那么浓重了，心情转好的你，甚至会觉得原本淤积于心的那些不快根本算不了什么。这样一来，你也就可以变得真正高兴。

也许依然会有很多朋友不相信这种现象，但是这的确是存在的，而且是卓有成效的。也许有些朋友会问，假如我不高兴的时候身边正好没有其他人在场呢？这也没有关系。你就算一个人，只要能假装高兴，做些让自己轻松的事情，诸如唱歌、购物，或者是散步，你就能够真的缓解自己的不良情绪，从而让自己变得高兴。有些朋友在郁郁寡欢的时候喜欢去商场血拼，有些朋友则喜欢品尝美食，让自己吃得饱饱的，似乎这样能填补空缺的心灵。这都没关系，只要是没有危害的方式，都可以作为我们假装高兴的有效途径。

其实，强颜欢笑、假装高兴有可能让人变得真的高兴，这是有心理学依据的。从心理学的角度而言，这是一种极强的心理暗示，而且是一种付诸行动的心理暗示。此外，当我们开始做那些让我们放松的事情时，会在无形中转移注意力，从而帮助我们遗忘和消除坏情绪。

在现实生活中，人们很容易接受心理暗示。这种心理暗示既可能来自他人，也可能来自我们自身，或者是来自外界的很多现象。因此，朋友们，在感到郁郁寡欢的时候，不如就采取心理暗示的方法，这样能最快地调整自己的心情，让自己变得积极乐观起来。

（1）假装高兴，也可以变得真高兴。强颜欢笑，也能够真的改变心情。

（2）世界上除了事关生死的事情，其他的事情并非绝对重要，因此，我们要放宽心，让自己拥有博大的胸怀，这样才能调整好自己的心态，让自己变得更加快乐。

（3）欺骗自己、假装高兴的时候，我们除了自我暗示之外，还要切实做一些让自己能够放松的事情，这样才会卓有成效。

# 第05章

# 让悲伤到此为止，让心灵回归平静安宁

普希金说："假如生活欺骗了你，不要悲伤，不要心急，忧郁的日子总会过去。"或许，人生总有诸多不如意，生活总有许多令人烦忧的事情，但请让悲伤到此为止，让心灵回归平静安宁吧。

# 请为忧虑限定时间

如果一件事令你忧虑，你会忧虑多久呢？一个星期吗？一个月吗？一年吗？很多人容易纠结在一件事情上，一旦忧虑开始，就没有暂停的键，他们会无休无止地陷在忧虑的泥潭中。如果没有人对他们说“到此为止吧，别再忧虑了”，他们会一直忧虑下去，直到死亡的那天。当我们忧虑的时候，为什么从来不考虑为忧虑这件事设定一个时间呢？当我们吃饭时，需要花费的时间有大概的范围，10分钟或15分钟，甚至有的人会在短短5分钟内解决早餐。那么，忧虑为什么不能有一个限定时间呢？

伊迪丝曾经因为一件小事情而对丈夫生了大半辈子气，你觉得值得吗？故事是这样的：

伊迪丝与弗兰克曾经住在一个抵押出去的农庄，那里土质贫瘠，灌溉条件也差，庄稼收成自然不好，他们的日子也过得十分节省，恨不得将一分钱当两分钱花。尽管已经家徒四壁，但伊迪丝还是希望可以将房间打扮漂亮点，于是她在密苏里州马利维里的一家杂货店里赊了一些窗帘和其他小东西。弗兰克非常担心自己的债务，像其他农民一样，他怕最后负债累累，所以他悄悄告诉杂货店老板，不要再让妻子赊账买东西。

这件事最后被伊迪丝知道了，她认为弗兰克伤害了自己的自尊，为此生气了很久。即便这件事过去50年了，她依然在生气。如今，她已经七十多快八十岁了，有人对她说："尽管弗兰克这样做实在挫伤你的自尊，不过，你从来不觉得吗——你为这件事已经生了半个世纪气，难道你所做的比他做的事情要好吗？"当然，伊迪丝根本听不进去别人在说什么。

因为一件很小的事情，伊迪丝搭进了自己半个世纪的快乐与宁静，这是何等昂贵的代价！当她不断地在埋怨这件事时，就失去了内心的宁静，也失去了快乐。所以，千万不要成为伊迪丝这样的人。我们要给自己设限：这件事到此为止。

所以，当忧虑侵扰自己内心平静的时候，先改掉忧虑的习惯吧。不管在什么时候，假如我们需要以生命为代价去换取一些不值得的东西，那不如停下来，问自己三个问题：第一，我正在忧虑的问题，对我而言到底有多么重要？第二，既然这件事情令我如此担心，那我应该怎么样将其设置到"到底为此"的最低限度，然后完全忘记这件事？第三，我究竟应该为这件事付出多少？我所支付的是否已经超过它本身的价值？

好吧，就到此为止吧！这确实是令人获得内心平静的秘诀之一。

在生活中，我们都要有正确的价值观念，相信只要先定下一个适合自己的个人标准，就可以消除一半的忧虑。而我们所设定的标准，就是每件事值得付出多少代价。

## 别放大你的痛苦

我们总觉得活得很累，我们总有宣泄不完的痛苦，这是为什么？原因很多，但其中之一肯定是我们常犯一种错误——放大痛苦。而我们之所以会放大痛苦，也是有一定的心理原因的，那就是太在乎别人对我们的看法。我们都把这个世界看成以“我”为中心的，所以常常把失败放大，常常因为一件小小的事情而觉得自己罪大恶极，把愁眉苦脸的面具戴在脸上。带着这样的坏情绪生活，我们又怎么能快乐起来呢？

有个笑话说，一位农妇在收鸡蛋时，不小心打破了一个，她想：一个鸡蛋经孵化后就可变成一只小鸡，小鸡长大后成了母鸡，母鸡又可以下很多蛋，蛋又可孵化很多小鸡……最后农妇大叫一声：“天啊！我失去了一个养鸡场。”

这农妇看起来着实有点可笑，但在现实生活中像农妇这样的人大有人在。例如，夫妻二人，在亲朋好友的祝福下走入婚姻的殿堂，两个人难免有磕磕碰碰的时候，拌几句嘴也属正常。可偏偏有人钻了牛角尖，将错误放大，将拌嘴升级为打斗，本来可亲可爱的人露出了凶恶面孔。即使战火息止，也难免伤了感情，甚至闹到以离婚收场……

再如，在朋友面前说错了一句话，你后悔万分，陷入深深的自责中，担心朋友从此对你有看法。你工作很努力，但评优晋升没你的份，于是闷闷不乐，总抱怨上天为什么如此不公。亲人突遭不幸，你感觉天像塌下来一样，自己被巨大的痛苦包围，无法呼吸，甚至无法再生活下去……

有一次，卡耐基和太太邀请了几个朋友来家里吃晚餐。这确实是一次愉快的晚餐，当他们送走朋友之后，依然很有兴致地在客厅聊天。

这时太太才跟卡耐基说了一个小插曲：原来，就在客人快到之时，太太发现有3条餐巾和桌布的颜色不搭配，于是，她马上跑进厨房，却发现那3条相搭的餐巾已经送去清洗了。然而，这时客人已经到家门口，根本没有时间换洗了，太太着急得差点哭出来。她当时心想：为什么会有如此低级的错误，难道因为这个小错误就毁了整个晚上的聚餐？不过，她马上想通了，何必计较这些小事情呢！

于是，她决定去迎接朋友们，然后度过一个美好的夜晚。她告诉卡耐基："我宁愿给朋友们留下一个比较懒散的家庭主妇的印象，也不愿意给他们留下一个神经质的、脾气很差的女人的印象。"而且，根据太太观察，根本没人注意到餐巾的事情。

有一句法律学的名言：法律并不是为琐事而制定的。在生活中，假如我们想要保持平静的心态，享受生活中最真实的快乐，那就不应该为小事情而烦恼。假如你正在为小事情而烦恼，那不妨转移一下自己的注意力，换一个角度看待这件事，你从中会有所收获。

有时候，我们烦恼的根源可能是童年时期的阴影，但无论我们是出于何种理由烦恼，这样的状况都应该停止。因为生命对于我们来说太短暂了，当我们渐渐步入中年以后，那种早晨刚睁开眼、转瞬间已近黄昏的变化会让人感到恐惧。试想，既然有那么美好的生活在等待着我们，我们又何必去为一件小事而烦恼，何必放大自己的痛苦？

1.我们并没有那么重要

“我只是一颗沙子”。当你苦恼的时候，不妨用这句话安慰自己。是的，我们没那么重要，无论遇到什么，其实都没有什么大不了的。对于宇宙来说，我们不过是沙漠中的一颗沙子，何必要把自己的苦楚放大？在面临不幸的时候，如果一味地放大痛苦，问题就会越来越糟；如果辩证地想一想，也许就豁然开朗了。任何人都难免失误，正确面对失误、把失误局限化，并积极寻求解决和弥补的办法，才是我们应有的生活态度。

2.痛苦都是自己想象出来的

卢梭说过：“除了身体的痛苦和良心的责备以外，一切痛苦都是想象出来的。”俗话说得好：生活像面镜子，你哭它就哭，你笑它就笑。让我们生活中的笑更多些吧，千万不要放大痛苦。

3.让快乐和希望代替痛苦

生命仿佛是一个神秘的原始森林。有时，我们谁也不知前方是什么，只是不停地追求、探索。挫折就是森林中的野兽，不知什么时候就会侵占你的领土。痛苦是心灵中的一株野草，在挫折“光顾”你的领土时，痛苦若是过度繁殖，它就会占据你心中的阳光、水和空气，你心中的快乐、希望、幸福就会消失。因此，当再次遭遇挫折时，我们应该告诉自己：“不要放大痛苦！”

绝大多数人都背负了过重的忧愁和苦痛，常轻易把自己放进痛苦之中。当你苦恼之时，不妨到外面走一走，把自己摆在大山大水之间，这样更容易想象自己是一颗沙子，发现自己的微不足道，让事情褪去夸大的外衣，还原成本来的样子。如此，你很快便能听到内心的声音，找到应该走的路。

## 一切焦虑，其实都是自寻烦恼

在外人眼里，陈女士是个很有福气的人，老伴是“高工”，儿子出国深造，自己退休在家抱孙子，真可谓万事如意。可陈女士自从儿子出国后经常睡不好觉，噩梦连绵，连白天也提心吊胆，担心儿子过不惯国外的快节奏生活，又怕儿子在国外遭到不幸。

叶小姐今年29岁，她最近给心理专家寄去了咨询信。信中说，她近来一看到不好的事物或现象，心里就会产生一些不好的联想。如看到有的妇女不孕，就担心自己如果和她们在一起也会跟着患不孕症。有时候，爱人出差了，她就会担心他在路上出车祸。叶小姐说，自己明明知道这些想法是杞人忧天，也总是想找一些办法来排除，但就是解决不了。

这种自寻烦恼的现象，就是“现代焦虑症”。那么，到底是谁制造了现代焦虑症呢?

美国心理治疗专家比尔·利特尔经过研究认为：一个人若有以下心理或做法，必定会促使其自寻烦恼、无事生非，以致患上现代焦虑症：

1.总把原因归结于自己

你是不是认为别人不喜欢你是你的原因？你是不是认为同事被上级领导批评也是你的原因？如果你把消极原因都归结于自己，那么要不了多久，你就会烦恼成疾。

2.喜欢做白日梦

最可怜、可悲的人莫过于那些总是做白日梦的人。如果你不重新调整你的目标，那么，那些无法实现的目标同样会让你烦恼不断。

3.盯着消极面

不要总是把眼光放在你曾经受到多少次冷遇上，也不要总是计算自己吃了多少次亏。如果这样做，你就会运用这种消极的思想方法给自己制造烦恼。

4.总是拖延问题

问题出现时，你要立即去解决，因为此时解决很容易大事化小、小事化了；而如果你拖延，那么，问题只能像滚雪球一样越滚越大，最后一发不可收拾，因此，不要认为“既然已经错过了解决问题的时机，索性再往后拖拖”。否则，只会使问题变得更糟，导致你的愤怒和苦恼埋在心底几个月甚至几年。

5.把自己摆在殉难者的位置

例如，你可能经常听到那些家庭主妇这样抱怨：“没有一个人真正心疼我，对我们家来说，我不过是个仆人而已。”而男人们也会抱怨：“我的骨架都累散了，谁也不把我当回事，大家都在利用我。”

任何心理问题都不是绝对的，各种心理障碍间都有着某些联系和相似。找到自己的症结所在，学会凡事往好处想，焦虑的症状就能逐步得到改善。要知道，经常感到焦虑，必定会使你烦恼异常，而且会让周围的人讨厌，令你的感觉变得更糟。

# 理性看待事物，不被情绪左右

对任何事，都不要轻易否定，要知道存在即有其合理性。当我们学会理智地看待事物，不被情绪所左右的时候，我们所激发的就是情绪正能量。在生活中，许多人习惯于感性用事，生气或愤怒的时候，常常是面红耳赤，恨不得把心里所有的消极情绪都发泄出来；消沉的时候，就一蹶不振，自暴自弃，随意贬低自己。其实，若凡事都以感性对待，很有可能会模糊事情的真相，甚至做出一些悔之晚矣的举动。所以，面对事物需理智对待，像余秋雨先生说的那样，对任何事任何人都要给予一个申辩的空间，而面对情感，则需要感性释放，因为，情感压抑得太久，有可能导致心理疾病。

我的朋友芬妮是一位脾气暴躁、情绪容易激动的女孩子。由于她的坏脾气，交往多年的男朋友也离开了她，我们都为她感到惋惜，而芬妮自己似乎也感到了自己脾气的坏处。有一天，芬妮特地找到我，说："如何才能改掉我的坏脾气呢？"我以前曾在哈佛大学学习过，熟悉一些心理学方面的东西。

我想了想，拿出了两个透明的刻度瓶，然后分别装上了一半刻度的清水，随后又拿出了两个塑料袋。芬妮帮我打开了，发现里面是白色和蓝色的玻璃球，我对芬妮说："当你生气的时候，就把一颗蓝色的玻璃球放到左边的刻度瓶里；当你克制住自己的时候，就把一颗白色的玻璃球放到右边的刻度瓶里。最为关键的是，现在，你应该学会理性控制自己的情绪。”

芬妮一直照着我的建议去做。过了一段时间，我去拜访芬妮，我们一起把两个刻度瓶中的玻璃球都捞了起来。我们发现，那个放蓝色玻璃球的水变成了蓝色。这时，芬妮才知道那些蓝色玻璃球是我把水性蓝色涂料染到白色玻璃球上做成的，这些玻璃球放到水中以后，蓝色涂料溶解到水中，水就变成了蓝色。我趁机对芬妮说：“你看，原来的清水被投入‘坏脾气’后，也被污染了；同样的道理，你的言行举止也会感染人，就像这个玻璃球一样。所以，一定要理智控制好自己的言行。”

当我再一次拜访芬妮的时候，我惊喜地发现，那个放白色玻璃球的刻度瓶竟然溢出了水。其实，我教会芬妮的方法就是“把自己当成一个思想的旁观者”，这样有助于我们理智地面对事物。渐渐地，芬妮学会了把自己当成一个思想的旁观者，生活开始步入正轨，听说，最近她刚交了一个新男朋友，生活对于她来说，似乎变得越来越美好了。

在生活中，总是有一些不如意的事情，当你要发脾气的时候，要做的第一件事就是尽量让自己安静和放松下来，先以理智的眼光来审视问题，想一想目前出现了什么情况，而不是顺其自然地乱发脾气，被情绪牵着走。如何理性地对待事物？这要求我们学会换位思考，或者直接置身事外。

1.理性看待事物

要理性看待事物，我们就要学会反思。我们在面对许多事情的时候，往往是感性反应先于理性反应，所导致的结果是常常看不到事情的本质，而模糊了事情的真相。所以，每次冲动的时候，我们都应该认真反思自己的行为与观点，时间长了，就会逐渐改变自己的思维习惯，懂得把自己置身于事情之外，使自己更加理性地看待事物。当然，任何时候，我们都需要感性释放情感，因为这是人之常情。

2.看待事情，要一分为二

余秋雨说："用诚实、理性的方法来面对各种文化课题，如历史上的反面人物，我们应该重新给予一个逻辑的梳理，使他们有一个申辩的空间，完成自己的逻辑推演过程。有没有可能在一个硬性的历史事件中，寻找属于个体的软性理由？我认为这种寻找是符合理性精神的。"面对历史上臭名昭著的奸臣秦桧，余秋雨也给了一个申辩的空间："有时，人品低下、节操不济的文士也能写出一笔矫健温良的好字来。例如就我亲眼所见，秦桧和蔡京的书法实在不差！"

不管发生了什么事情，不管自己处于怎么样的位置，我们都需要好好把握积极情绪带给我们的力量，而不能自寻烦恼，任自己被负面情绪所困扰。这是因为只有积极情绪才会激发出正能量，而消极情绪只会带领我们走进痛苦的深渊。

# 挖掘潜能，才能抵御外在压力

生物学家曾做过这样一个有趣的实验：他将跳蚤随意地向地上一抛，它们能从地面上跳起1米多高。然后，他在1米高的地方再放个盖子，这时，跳蚤跳起来，会撞到盖子，而且会一再地撞到了盖子。这样过了一段时间，生物学家拿掉盖子，发现跳蚤虽然还在继续跳，但直至跳蚤结束了生命，它们也跳不到1米以上了。这是为什么呢？其实，理由很简单，因为跳蚤调节了自己跳的高度，而且，逐渐适应了这种情况，不再改变。这个现象就是心理学上著名的跳蚤效应。不仅跳蚤如此，人也一样。许多人不敢去追求梦想，不是梦想太远，而是他们心里已经默认了一个"高度"，而这个高度常常使他们受限，所以，他们看不到未来确切的努力方向。

有这样一个故事。有人问三个泥水匠："你们在干什么？"甲说："砌墙。"乙说："挣钱。"丙说："造世界上最有特色的建筑。"后来，前两位泥水匠一生碌碌无为，只有第三位泥水匠成为知名的建筑师，因为只有他清楚自己砌每块砖这样的小目标与未来建成一座宏伟建筑之间的关系。在我们身边，有许多人都明白自己在人生中应该做些什么，但就是迟迟不肯行动，根本原因就在于他们欠缺了清晰的未来目标，而有什么样的目标，就有什么样的人生。

我们应该永远记住一句话：你比自己想象中更优秀。因为每个人所拥有的潜能都是无穷的，我们所展现出来的只是九牛一毛，还有更多的潜能等待我们去挖掘。多给自己一份肯定，相信自己永远比想象中更优秀，这样你才会成功地挖掘出自己的潜在价值，从而使自己变得更优秀。

1.有志者事竟成

古人曰："非志无以成学。"立志就是激励自己走向一条进取的、迎难而上的、智慧的人生之路。人一旦有了志向，就会对自己严格要求，就会克服前进道路上的任何困难，也只有如此，隐藏在其身上的潜能才能被激发出来。

2.保持身心健康

其实，身心健康是开发潜能的基础。健康的身体、充沛的精力、愉快的心情可使人的智力更好地发挥作用！反之，人的智力就会受到压抑。当然，我们可以从饮食、睡眠、锻炼三方面来提高身体健康水平；通过改善自己的性格，建立和谐的人际关系来提高心理健康水平。

3.培养良好的心理素质

心理素质包括道德品质、意志品质、自信心、责任心等。纵观那些卓有成就的科学家，他们不但智力水平高，而且在青少年时期就表现得非常坚强，极具独立性，这些人充满信心，有百折不挠的精神。

4.坚持学习

有人曾说："未来的文盲不是不识字的人，而是没有学会学习的人。”坚持学习可以使人更加有效地发挥出自己的学习潜能。学习不仅是大脑学习、身心学习，还包括科学学习、创新学习等。

你比你想象得更优秀。在现实生活中，也许我们会遭遇许多困难，使一些问题没能得到解决。其实，问题本身没有太大的难度，而是你把问题想得太复杂了，以至于不敢去面对它。如果仅仅是因为低估了自己的能力而失败了，那自然是十分令人遗憾的。所以，相信自己，努力挖掘自己的潜能，才能为人生点缀出不一样的精彩！

## 坚韧心理，顶住压力向上走

爱迪生说：“无论何时，不管怎样，我也绝不允许自己有一点灰心丧气。”信念是心灵的护航者，是胜利的基石；信念，是一缕永不暗淡的阳光，给心灵以丰富的给养。有了信念，我们就可以穿越阴霾，驱散迷茫，挣脱命运的束缚，自由地飞翔。人生需要信念，即使荆棘满地，充满无尽的坎坷，我们也不能放弃信念，这样才会看到希望，看到生命的曙光。

1.学会自我激励

自我激励是激励自己形成良好的品德和习惯的方法。首先我们要对自己有一个正确的认识，对自己的优缺点有所了解；其次我们要学会自我控制和自我约束，“将一件事情做到底”会经历很多意料不到的困难与挫折，应该学会控制自己的情绪和意志；最后，应该有意识地培养自尊心和上进心，这样我们的潜能才可以不断地被发掘，从而令我们向最好的方向发展。

2.找一个学习的榜样

榜样的力量是巨大的，特别是那些有着坚定毅力、坚持不懈追求进步的人，更是我们心目中的楷模和英雄。如果能够找到这样一个榜样，无疑能为自己的前进树立一个标杆。最好的榜样往往是身边的人，可以以父母为学习的榜样，也可以以身边同龄的人为榜样，大家一起你追我赶，让竞争激发动力。

3.参加体育锻炼

现在大多数人都是在物质优裕的环境中长大的，缺乏毅力，如果有一个机会锻炼自己是最好的。而积极参加体育锻炼就是一种好方法，不但可以增强体质，还可以增强心理承受能力。

4.参加竞赛

假如让我们独自完成某件事，我们总是一拖再拖，或许干脆中途放弃。假如我们知道还有许多人与自己竞争，往往能够激发不服输的心理，毕竟谁也不愿意承认自己是弱者。所以，我们可以与要好的同学竞争，也可以与对方来一场比赛，将工作变成竞赛。

蘑菇生长在阴暗角落，由于得不到阳光又没有肥料，常常处于自生自灭的境况，只有当它们长到足够高、足够壮的时候才被会人们所关注，事实上，这时它们已经能够接受阳光雨露了。任何一个人在成长的过程中都注定经历不同的苦难、荆棘，那些被困难、挫折击倒的人，他们必须忍受生活的平庸；而那些战胜苦难、挫折的人，他们能够突出重围，赢得成功。

# 第06章

# 释放不佳情绪，为坏情绪找一个出口

生活中的每一个人都会出现一些抑郁、挫败、焦虑的情绪。人们追寻成功，却在拼搏过程中遭遇荆棘，这时，难免会有沮丧、想放弃的念头。面对压力和挑战，有些人甚至不堪一击。当不良情绪袭来，不妨找个合适的渠道释放。

## 适度争吵，也是一种沟通方式

生活中，我们总希望与他人和睦相处，即使遇到矛盾、受了委屈，我们也会独自承受，因为我们不想争吵，不想影响人际关系。而这样做，问题并不会得到解决，长此以往，我们内心的不快会因此积压，不利于身心的健康。实际上，我们一直避免的争吵是一种快速解决问题的方式。争吵，至少证明我们有解决问题的愿望，这正是沟通感情、表达内心需求的一种方式。然而，即使争吵，我们也要注意度的问题，不要一旦和爱人、家人有矛盾就大发脾气、大动干戈。

小雨和丈夫结婚已经3个月了。她和丈夫通过相亲认识，谈恋爱的时候，她对这个男人实在太中意了，他潇洒大方、事业成功、家境殷实，以至于在他向小雨求婚时，小雨想都没想就答应了。但婚后，小雨发现自己的婚姻并没有想象中那么幸福，她一下子由一个美丽的女人变成了整天和锅碗瓢盆打交道的妇女，每天都要面对丈夫的臭袜子。最可恨的是，丈夫是个大男子主义者，他希望小雨什么都听他的，这哪里是小雨的风格？于是，争吵开始了。一气之下，小雨回了娘家。

椅子还没坐热，小雨就一股脑儿把自己的委屈都说了出来。在一旁看报纸的父亲对小雨说："你这傻孩子，别动不动就说离婚，夫妻双方吵架是很正常的事。小李人不错，你在路上的时候，他就打电话来了，还跟我们道歉。只要没有原则性问题，吵吵架也没什么啊，越吵越热闹啊！"

听到父亲这么说，小雨扑哧一声笑了："您这是在鼓励我们吵架？"

"那肯定不是嘛！我的意思是，你别还像没结婚时一样，希望周围的人都围着你转，男朋友哄着，爸妈疼着。结了婚，你就为人妻了，要调整好心态，不要动不动就提离婚，说多了会伤害夫妻感情的。再说，吵架了，你们就知道问题的症结了嘛，回去和他好好谈谈。"父亲的话似乎很有道理，小雨听完后就收拾东西，洗了把脸回家了。

这则故事中，已为人妻的小雨因为和丈夫吵架而回到娘家，但最终被父亲劝服。的确，那些感情好的夫妻也并不是不吵架，他们通常会本着解决问题的意愿吵，并把握好度。

人们往往说"相敬如宾""平平淡淡就是真"，然而，现代社会，"平淡"之中往往隐藏着危机，没有争吵就没有掏心窝子的透露，很多问题就不能解决，这样的"平淡"还不如"吵闹"来得更坦率、更直接。各人坦白想法，不仅能宣泄内心的不快，让自己平静下来，还能让问题以最快的速度解决。

每个人都拥有程度不一的自我意识，因此，生活中的争吵是不可避免的，适度的争吵，也可以增进彼此的交流与了解。但需要注意的是，争吵要掌握分寸，要明白争吵是为了解决问题，而不是制造问题。争吵时，无论情绪如何激动，也不可出口伤人。

## 把坏情绪大声“喊”出来

我们都知道，积极的情绪可以成为事业和生活的动力，而恶劣的情绪则会影响身心健康。然而，现代社会，人们为了生活四处奔波，工作和生活的压力常常使得人们喘不过气来。人们急切地希望寻找到一种能帮助自己清理情绪垃圾的方法。

初入职场的年轻人，不知你是否发现，在你工作和生活的周围，有不少这样修养良好的人——他们对世间万事万物都能泰然处之，这并不是因为他们没有情绪，而是因为他们更能找到及时宣泄情绪的方式，其中就包括呐喊。当他们把内心的不快喊出来的时候，心情也就得到了极大的放松。而这样的人也能得到他人的认可，因为他们不会让自己的负面情绪伤害到身边的人。同时，他们也成就了自己良好的修养和品质。

据说日本有个很具规模的呐喊节。每年到了这个时节，全国各地的参赛者或观众云集于大山深处，有组织地按规则和程序呐喊。举办呐喊节，旨在引导人们认识和体验呐喊的心理调适作用，鼓励大家在需要时去身体力行。正是因为有很多人通过呐喊而受益，呐喊节才被越来越多的人认可并积极参与。

朋友们，你也可以采取这种方法宣泄自己的负面情绪。我们先来看下面的故事：

小彭和小李都是二十出头的女孩，她们在同一家公司上班，两个人关系很好，可是两个人在公司的人缘却不一样。小彭在公司里人缘很好，她待人和善，同事几乎没人见她生过气；而小李则是个把喜怒哀乐都挂在脸上的人，为此和很多同事都闹过矛盾。小李不知道小彭为什么能有这么好的修养。

有一次，小李去小彭家玩儿，却发现她正在顶楼上对着天上飞过来的飞机吼叫，于是好奇地问她原因。

小彭说："我住的地方靠近机场，每当飞机起落时都会听到巨大的噪声。后来，当我心情不好或是受了委屈、遇到挫折，想要发脾气时，就会跑上顶楼，等待飞机飞过，然后对着飞机放声大吼。等飞机飞走了，我的不快、怨气也被飞机一并带走了！"

怪不得她脾气这么好，原来她知道如何适时宣泄自己的情绪，这下子小李明白了。小彭还告诉小李很多可以发泄自己情绪的方法，如到无人的地方大声呼喊、看书等。

从此以后，小李就尝试着用这些办法发泄自己的不良情绪，果然，这些方法很有效，小李为自己的不良情绪找到了一个出口，把心中堵塞之处疏通了。此后很多时候，她带给大家的都是欢乐，而不再是不良情绪，她在公司里的人缘一下子好了很多，修养也提升了很多。

这里，小彭对于发泄不良情绪有自己的一套方法。

的确，每个人都会产生不良情绪，对于社会阅历浅的人来说更是如此，如果你不懂宠爱自己、将负面情绪释放出去，你的身心将会越来越疲惫。

当然，在宣泄情绪的同时，我们需要注意的是：

1.尽量选择无人的地方呐喊

你不能在办公室、家中呐喊，因为会影响到他人的工作、生活。

2.不要再把负面情绪再带到工作、生活中

当你宣泄完负面情绪以后，要暗示自己：我的心情已经好多了，不必再苦恼了。如果你真的这样想，那么，你的心情会随即好起来。

人们的情绪被压抑久了后，会化为极欲宣泄的冲动，我们常有的感受是控制不住想喊出来，而且对自己的这种内心冲动莫名其妙，因此心里极为紧张，担心一旦控制失效会真的叫喊起来。此时，寻找一个无人的区域呐喊，是一种很有效的宣泄方式。

# 不妨哭泣，释放压抑情绪

生活中，我们发现，一个人心情不好的时候，周围的人都会劝道："没事，笑一笑。"很少有人劝其"哭一哭"。实际上，真正能释放人内心压抑情绪的方法是哭泣，而不是微笑。

心理学家曾经做过这样一个实验：将一群人分成两组，一组是血压正常者，一组是高血压者。心理学家分别问他们是否哭泣过，结果表明，血压正常者中有87%的人偶尔有过哭泣，而那些高血压者说自己从不哭泣。这里，我们发现，让情感抒发出来要比将其深埋在心里有益得多。

长时间以来，人们都认为哭对人的健康有害，然而科学家的新近实验与研究却给了我们一个迥然不同的结论：哭对缓解情绪压力是有益的。

心理学家克皮尔曾经对137个人进行调查，并将这些人分成健康和患病两个组。患病组内的人患的都是与精神因素有密切关系的病——溃疡和结肠炎。调查发现，健康组的人哭的次数比患病组的人多，而且哭后自我感觉较哭之前好了许多。

接下来，克皮尔继续研究。他发现，人们在情绪压抑时，体内会产生一种活性物质，这种活性物质对人体是有害的，而哭泣会让这种活性物质随着泪水排出体外，从而有效降低有害物质的浓度。有研究表明，人在哭泣时，其情绪强度一般会降低40%。这也解释了为什么哭后的感觉会比哭前好许多。

美国生物化学家费雷认为，人在悲伤时不哭有害健康，属于慢性影响。他的调查发现，长期不哭的人，患病率比哭的人高一倍。

因此，我们可以得出一个完全肯定的答案：哭是有益健康的。由情绪、情感变化引起的哭泣是人的正常反应，我们不必克制，尤其是心情抑郁时，更不可故作坚强、强忍泪水，那样只会加重心理负担，甚至会憋出病来。负面情绪会让神经高度紧张，当这种紧张长期被压抑而得不到释放时，便会集聚起来，最终导致神经系统紊乱，久而久之，会对身心健康造成损害，导致某些疾病的发生与恶化。哭泣则能提供一种释放能量、缓解心理紧张、解除情绪压力的发泄途径，从而有效避免或减少此类疾病的发生。

我们应该看到哭泣的正面作用，它是一种常见的情绪反应，对人的身心能起到有效的保护作用。因此，当你遇到某种突如其来的打击而不知所措时，不妨先大哭一场，不要害怕别人的眼光，哭没什么见不得人的。

## 运动，是一种宣泄情绪的方式

当怒火袭来，喘不过气来的不快该如何释放，不良的情绪该如何宣泄呢？当一个人的不良情绪积压到他无法承受的时候，人可能会崩溃，会感到焦虑、乏力、烦躁、创造力减退等，有时候身体也会出现食欲不振、心痛、心悸、胃肠不适、脱发等不良反应。现代社会，经常从人们嘴里蹦出来的就是“郁闷”“压抑”等情绪词语。人们经常会在生活和工作中遇到一些不开心的事情，而碰到这种情况的时候，许多人会把委屈、愤怒等不良情绪闷在心里。心理学家指出，长期将不良情绪积压在心里，对自己是有害的。一方面，将不良情绪积压在心里，别人并不知道你在生气，别人的言行可能会让你的心理波动更剧烈；另一方面，对于自己而言，消极情绪积压得越来越多，心里就会越来越不舒服，直至走向崩溃的边缘。那如何才能找到健康的发泄途径呢？运动，当然是运动。在汗水淋漓中，可以蒸发掉内心的不快，运动之后，整个人顿觉清爽不已，那些长期积压在心中的坏情绪也会消失得无影无踪。

林浩上大学时是学校运动协会的会员，他几乎擅长所有的运动，而且大多是极须力量的运动，如跑步、篮球、足球等。偶然的一个时机，他竟然发现运动隐藏着其他效用，那就是可以发泄自己内心的消极情绪。

那是在大四的最后一个学期，兴致勃勃的林浩怀揣着证件去一家自己向往已久的公司应聘，没想到最终却被刷下来了。顿时，林浩有一种心如死灰的感觉，好像自己四年大学都白念了，他觉得自己好没用。内心的委屈、羞愧、挫败一起袭来，他觉得自己整个人都要疯掉了。在情绪交错之间，林浩无意识地抱起了地上的篮球，飞一般地跑向篮球场、三步、两步，上篮、灌篮，他几乎已经与篮球融为一体了，不断地重复着相同的动作。这样大概持续了20分钟，他终于没力气了，瘫坐在地上，擦着自己的满头大汗，他笑了，从前那个爽朗的自己又回来了。

从这以后，林浩就将运动当成了自己发泄的途径。工作以后，找不到合适的运动场所，他就去健身房。每一次去运动，都要让自己运动到出汗为止，感到出汗了，他就觉得那些不快好像都被蒸发掉了。

心情不好就想办法出汗，这是一个不错的方法。许多年轻人都喜欢通过运动来排忧解闷，适当地运动更是调节情绪、缓解压力的好方法，因为运动本身可以促进人体的内分泌变化，对身体是很有益的。一个人心情的好坏，与大脑内分泌出的一种名为“内啡肽”的物质的多少有关系，而运动则可以刺激内啡肽分泌，从而令人获得轻松愉悦的身心状态，帮助人排遣怒气和不快。当然，并非只要运动就可以产生愉悦的心情，如瑜伽、健身操、跑步、登山等运动，每天持续在30分钟以上才可以刺激内啡肽的分泌。

容易生气的人，应该学会正确应付生活中的事件和不良情绪，同时要学会沟通。而当缺乏沟通渠道时，运动则是一剂良方，多运动，多拓展自己的兴趣，在运动中可以忘记很多东西，我们完全可以通过运动的方式来使自己得到放松。在运动中，我们出汗了，臂膀有力地挥舞着，在这个过程中，我们已经摆脱了那个生气的魔鬼。同时，运动其实也是需要讲究方法和智慧的，尤其是某些运动需要集中全部注意力，这时我们已经没有多余的时间去生气了。

1.运动是不可多得的健康途径

通过跑步发泄不良情绪的人，可以在速度中跑去烦恼；通过打羽毛球发泄不良情绪的人，由于此项运动是灵敏度和速度的结合，需要精神高度集中，因此，可以很快忘掉烦恼；通过打篮球发泄不良情绪的人，可以在汗水中忘却烦恼。当一个人被不良情绪困扰的时候，他身体内部就好像住着一个会生气的魔鬼，需要使劲才能摆脱它，而运动恰好就是这样极具力量的方式。

2.运动也要把握好“度”

此外，我们需要注意的是，运动也需要讲究一定的限度。如果一味地将运动当作一种发泄的手段，反而会伤身。过大的运动量会透支体能，给身体带来损害；如果你的注意力没在运动上，会增加运动的危险系数，容易造成肌肉拉伤。对此，当我们在通过运动发泄不良情绪的时候，需要把握一个度，尽量在不伤害身体的情况下进行，否则便是得不偿失了。

## 上班族的情绪周期表

一位朋友这些天正在学琴，由于基本功不太扎实，他练起琴来很费力，尽管自己付出了许多辛勤的汗水，可就是不见效果。但是，他心里又极度渴望自己的琴技能够有所突破，于是，他每天强迫自己练琴4个小时。时间长了，他变得时常焦虑，心理上把练琴当成了一种压力。他常常烦躁地问老师："我是不是练不好了？""我还能行吗？""怎么这么练都不见效果，我干脆还是不练了吧？""难道我就这么放弃了吗？"老师听了，只是微微一笑："你不要自己到处惹气生，放松自己，缓解心中的压力，卸下负担，心情好了，琴技自然会有所进步。"没过多久，朋友的琴技真的进步了，而之前弥漫在他脸上的阴霾已经消失得无影无踪。

在生活中，如果把任何事情都当成一种负担，我们就有可能生活在压力、痛苦、烦躁之中。相反，如果把一件事情仅仅当成一种习惯，则能让一个人在潜移默化、不知不觉中成为自己梦想的那个人。

小伟是一个典型的上班族，他似乎感觉到自己陷入了"情绪周期"。每周，从周一到周末，自己的情绪都处于一个相当不安稳的状态，满是烦躁、苦闷，他也不知道这是怎么了。

周一——早上，小伟尽力克制自己不想起床的欲望，躺在床上，他就在想今天又要开会，接受新的工作任务，总结上周的工作。如果自己在上周工作中出了小错，这天就会感觉到格外有压力。有时候，在路上碰到塞车、堵车、有人横穿马路等情况，小伟都忍不住怒骂两声，似乎这样可以消减一下内心的苦闷。

周二——有时候，小伟觉得周一可能是一个过渡时间，可是，到了周二，自己就必须面对现实和工作了。面对繁重的工作，小伟感到焦头烂额，有时候甚至会牺牲午休时间来工作。

周三——每到周三，小伟都冷着一张脸，陷入情绪最低沉的一天。上个周末与女朋友一起玩乐的场景似乎早在忙碌的工作中忘得一干二净，想到离周末还有漫长的两天，小伟就感觉心瞬间沉入了谷底。

周四——或许，由于前几天的累积，这一天坏情绪达到了最巅峰，不仅工作效率很低，而且感觉到十分疲惫。小伟感觉到几天以来积累的坏脾气几乎都在这一天暴发了。如果在这一天受到了主管的责骂，小伟一点也不感觉奇怪，似乎每个人都喜欢在这一天发脾气。

周五——小伟觉得，对于自己来说，可能周五才是比较轻松的一天，想到周末马上就来了，工作效率也变得很高。心情变得十分轻松愉快，即使是面对同事的一句挖苦、玩笑，小伟也“大度”地不予计较。

周末——小伟周末时间的安排通常是：周六疯狂地玩一天，周日休息。可是，在周日，小伟的情绪又陷入了焦虑、烦躁中，想到下周的工作，心情越来越烦躁，周日晚上甚至会失眠。

对此，小伟想大喊一声："一周的时间，怎么就不能给自己一份好心情呢？"

小伟只是无数上班族中的一个代表。在现代社会，越来越多的上班族意识到自己正在陷入"情绪周期"。在一周的时间内，他们的情绪变化与小伟的情绪变化没有两样。虽然他们明白自己生气也不能解决任何问题，但是，在内心的压力下，他们就是忍不住，而且，情绪的时好时坏已经严重地影响到他们正常的生活和工作。对此，心理学家给我们支了招，告诉了我们如何放松自己，缓解心理压力。

1.星期一综合征

越来越多的人开始陷入"星期一综合征"，早上一起床，他们就感到一种厌烦、懒惰、健忘、精力不集中的状态。德国的相关调查得出了这样一个结论：80%的人在星期一起床后会情绪低落。另外，许多公司习惯于将重要的决断和新的工作计划安排在星期一，这在一定程度上给上班族带来了巨大的压力感。对此，心理学家建议：想让自己不再抗拒上班，早起比较重要，因为紧张感和时间有密切的关系，早起可以有充裕的时间，这不仅能减少内心的焦虑感，还能有时间去吃一份减压的早餐，如鲜奶、鸡蛋、牛肉和香蕉等，这可以让人产生一种满足感和轻松感。

2.有效的意象训练

对于许多人来说，星期一可能还没有正式进入工作状态，但是，到了星期二，自己就不得不面对现实。最近的一项研究表示：星期二上午10点是一周中工作压力的最大峰值，人们感觉到焦头烂额。而且，许多人在这一天会放弃午休时间，抓紧时间工作。对此，心理学家建议：在压力最大的时候，可以做一个意象训练，找一个比较安静的地方，闭上眼睛，做深呼吸，想象自己在坐电梯，慢慢开始数，这样可以有效地缓解心理上的压力，平复情绪。

3.微笑

心理学家证实了这样一个猜想：星期三是人们一周中的情绪最低点，也是人们接受信息最多、感觉负担最重的一天。在这一天，最有效的缓解压力的办法就是微笑，想办法让自己笑，如看看笑话、回忆过去美好的事情等。这些都能够帮助自己平复内心烦躁不安的情绪，调整心理，尽快回归到一种正常的情绪中。

4.“黎明前的黑暗”

有人将星期四称为“黎明前的黑暗”，这一天不仅是工作效率最低的一天，也是人们疲惫感最强、心情最烦躁的一天。似乎几天以来积累的坏脾气将要在这一天暴发，人们总是感觉什么都不对劲，环境特别杂乱，身边的人特别烦，这一切都让人透不过气来。心理学家建议：为了驱赶黑暗，应该将灯光调到最亮，这会让人的心情变得平稳、快乐。

5.“周末上班焦虑症”

许多人在周末快要结束的时候，就开始陷入对下周工作的焦虑中，结果，越想越烦躁。对此，心理学家建议：可以给大脑设一个开关，该休息的时候就安心休息，该工作的时候就全力以赴，不要去想下周工作的事情。如果实在不放心，可以在周末拿出一个小时想想下周的工作计划，这样，焦虑的心就会平静下来。

一个人若是背着负担走路，那么，再平坦的路也会让他感到身心疲惫，最终，他会因为不堪生活的压力而走向不归路。只要我们能平复心境，试着把那些沉重的负担当成一种习惯，用轻松、淡然的心态去看待问题，我们的心境便会变得澄明，所有的压力便会缓解，那些负担也会变成一种精神上的享受。

# 第 07 章

# 学会倾吐闷气，尽快抚平波动情绪

生活中，有着各种性格的人。其中，有不少人特别喜欢生闷气，殊不知，生闷气对身心非常有害。生闷气不如发脾气，或者找个地方发泄一番，以尽快平复情绪。要学会倾吐闷气，尽快抚平波动的情绪。

# 别将闷气积压在心中

所罗门说："不轻易发怒，胜于勇士。"在现实生活中，许多人将闷气积压在心中，不知道发泄自己的情绪。虽然，这样的人不轻易表现出自己的情绪，但是他们也不能被称为生活的勇士。

喜欢生闷气的人，常常将那些消极的情绪深埋在心底。其实，生闷气是一种自我折磨。而生闷气的原因并不一定是遇到不好的事情，更多的是人的主观内在因素。观察身边的人，我们就会发现，那些性格相对比较内向的人往往爱生闷气，他们遇到不如意的事情的时候，不愿意去发泄自己的情绪，以致那些消极的情绪积压在心中，常常令他们感觉到痛苦、悲伤。事实上，若将心中的不快发泄出来，他们也就不会那么痛苦了。

生闷气就是自己和自己过不去的表现。聪明的人都懂自我调节情绪，遇到不愉快的事能够不想它或驱走它；而习惯性生闷气的人则不然，他们常把那些伤心、抑郁等情绪郁积在自己的心中，不知道给消极情绪找一个发泄的出口。因此，想要善待自己，就要学会调节自己的情绪，千万不要将闷气积压在心中。

张先生是一个性格内向的人，平时也没有什么朋友。遇到什么不顺的时候，他从来只是将情绪积压在心底，即使在家里也不向妻子说。

由于他沉默寡言，在公司也没有什么谈得来的朋友。若在工作中遇到了不好的事情，他也会生气，但一直沉默以对，从来不和别人说。直到前几天，一个大型合作项目出现了重大纰漏，这本来和他没有多大关系，但同事们都把责任推到他身上。张先生怒火攻心，但还是习惯性地保持沉默，他内心十分难受，突然晕倒在地。送医院抢救之后，医生说，张先生由于长期精神紧张，诱发高血压和冠心病，需要马上住院进行治疗！

从心理上讲，生闷气是一种不愉快的情感，是一种消极的、对我们的健康有危害的情绪。中国古代曾有“百病之生于气也”“怒伤肝、忧伤肺”的说法，而现代医学也证明，生闷气会使内脏活动和内分泌系统失常，令人食欲不振，消化不良。长期生闷气还会导致心脏病、高血压等疾病。所以，若你有爱生闷气的毛病，应该学着改掉它。

怎样消除爱生闷气的毛病呢？可试用以下方法：

1.拓宽心胸

凡事想开些，生活中也就没有那么多令自己生气的事情了。有梦想、有追求，心胸自然会变得开阔。心胸开阔，自然能与人和谐相处，自然能少些悲伤和失落。一位哲人说过，温暖别人的火，也会温暖你自己。一个人如果一心追求个人欲望的满足，就会陷入永无止境的苦恼之中。何不拓宽心胸，享受更加精彩、幸福的生活呢？

2.学会转移注意力

一般来说，生闷气一定是某个人或者某件事引起的，若不及时转移自己的注意力，很容易加剧情绪的恶化。在生气时，不妨试着将自己的目光转到一些有意义的事情上去，如运动、听音乐等。这样，心中的闷气自然就消除了。

3.扩大社交

多参加集体活动，从个人的情绪中走出来。当你融入更大的团体中，成为其中的一员时，你就会发现，你所气愤的事情其实并没有那么严重，如此，你便能更快地从不好的情绪中解脱出来。当你有了更多的朋友，你就可以对他们倾诉那些苦闷和埋藏在心中的痛苦。能倾听你心声的朋友，能够理解你、安慰你，这样你心中的闷气也就发泄出来了。身边一时没有朋友的话，你可以给朋友打电话诉说自己的情绪，这也是一种很好的排解消极情绪的好方法。

4.充实知识

读书学习是消除闲愁的良方。张海迪在受到疾病折磨时，沉浸在知识的海洋中，借此忘记了痛苦，精神境界不断得到升华。知识能给人无穷的力量，给人强大的支持。“心灵中的黑暗，必须用知识来驱除。”书籍能助我们驱逐心中的闷气。

# 把你的烦恼写成日记

压力是当我们处在不确定的情境下或是预计有很多重要的事情到来之前的情绪反应。假如最近工作压力比较大，但又还没有到看心理医生的地步，那不妨写写减压日记，把烦恼写下来。想要摆脱压力的困扰，最有效的做法就是降低焦虑，转移注意力。有时候，我们可能感觉到了压力带来的困扰，却总是没办法找到压力的源头。这时，写日志就是一个不错的方法，它可以帮助我们找到压力之源，确定压力是从何而来，从而使我们的情绪有较大的改善。当我们把烦恼写在日记里之后，就会感觉内心的沉重负担已经卸下、留在日记里了，因此顿时感觉身心轻松，这是减压日记的最大益处。内心的烦恼就是一种重担，如果不想办法缓解，那你就会身心俱疲，甚至会患上一些心理疾病。

56岁的朱大妈由于患病，生活不能自理，两年前住进养老院。不过，她天性乐观坚强，常常给身边的老人带去很多欢乐，所以大家都会友好地称她为“开心果”。她有什么开心的秘诀吗？原来，朱大妈坚持每天写日记，初衷是为了锻炼自己的记忆力，以便自己能快速康复。

朱大妈住在养老院的四楼，这层楼住的都是卧床的老人，一个房间里四张床位。在以白色为主的环境中，她的床位显得十分特别，床被紫色所包围，窗帘、墙壁上的照片，都有大面积的紫色。

从住到养老院的第一天起，朱大妈便躺在床上、用还能活动的右手写日记。她想尽快好起来，像没生病时一样和同伴们一起去跳舞、唱歌。朱大妈和身边的人一起看那些她写的日记，没有完整的本子，只有一大摞A4纸，这些纸是别人给她的。每页纸的正反面都是她写的日记，一天都没落过。日记里记录着她每天做康复的辛苦，也有一些国内外的大事，更多的是一些日常的琐事。

尽管朱大妈写日记的初衷是为了锻炼自己的记忆力，但随着写日记的习惯的养成，她也慢慢减少了内心的烦恼，这使得她更加乐观地面对人生。

写日记本身就是一个倾诉的过程，即人们在向日记本倾诉。例如，当孩子进入青春期，他们的内心有了很大的变化，这时候，很多孩子开始写日记，把自己开心的或不开心的事记录下来，锁在日记本里。日记本里记载了孩子们青春期的烦恼，也承载了孩子们青春期的成长压力。所以，写日记就是一个倾诉的过程，而且对象只是一个日记本，完全不用担心它会泄密。

医院有一本出名的“减压日记”，这些年来，通过写减压日记，这些医护人员很好地缓解了工作上的压力。

“真累，抢救回病人一条命，自己也快要被人抢救了！”“没关系，休息休息就可以继续奋斗了。”“送病人去做检查，手指被门夹了一下，肿了。”“哈哈，没事吧？”这两段互动对话就是从那本著名的减压日记中找到的。

原来，这些日记本的最初作用是医护人员用来记载工作信息的。由于医院工作的特殊性，这里的工作人员几乎都是几班倒，许多同事相互之间一个周也没能见几面。遇到一些重要的通知或紧急的病情，当班的人就把内容写在上面，交代给来换班的工作人员。之前写在黑板上，后来为了避免病人隐私泄露，就写在一个本子上。

渐渐地，日记本成了大家工作中不可缺少的一部分，内容也丰富多彩起来。工作交代、气象预报、心情记录、烦恼倾诉……都被写在了上面，它也渐渐成为名副其实的减压日记。

减压日记是袒露心事、缓解压力的最佳途径。尤其是当自己遇到一些难以启齿的麻烦时，跟朋友倾诉也不妥当，跟父母说会给他们增加心理负担，这时，不如写在日记里吧。在写日记的过程中，你会清晰地记录当时的状况以及感受，当把所有的事情都捋一遍，最后，你会发现这件事情本身并非那么令人难过，内心的压力也会得到舒缓。

1.准备日记本

当你需要开始写日记时，那先准备一本空白的笔记本或日记簿。如果你之前没有写日记的习惯，那可以先以一周为单位，将自己生活中所遇到的烦恼都一一记录下来。经过一周之后，假如你感觉这种方式比较适合自己，而压力也减轻了不少，那就可以坚持写下去。当然，为了方便详细地记录，你可以将日记簿每页分为几个时间段，如“上午”“下午”“晚上”等。

2.将所有的事情都尽可能记录下来

每天将发生的所有事情尽可能地全部记录下来，特别是当某种压力症状出现的时候，更应该仔细记录下来。当压力来袭的时候，你自己的感觉是怎么样的，一定要认真地记录下来。即便没有感受到压力，也需要每天记一下自己经历的事情以及当时的感受。

3.事后再来分析当时的压力

当一周时间过去了，你可以回过头来翻看之前的日记，注意查看自己在什么时候会感到压力重重，什么时候心情又开始得到缓解。在日记里，你可以找到一些其他舒缓压力的方式，如你在购物时不会感到什么压力，那就尽可能地选择安静一点的时间去；如果你觉得和家人在一起很温暖很快乐，那就每天尽量多花一些时间去陪伴他们。并且，等你再过一周来查看当初令你感受到压力的事情，你会觉得不过如此。

一个人压力大了，就需要发泄一下，但是，如果拿身边的人撒气，会让无辜的人受到伤害，因此最好的办法就是向日记本倾诉。纽约州立大学最近的一项研究发现，人们只要将自己的不快在纸上书写20分钟，就可以减少很多的压力。所以，赶紧用笔和纸来倾诉你所有的不愉快和烦恼吧！

## 情绪分担，向他人倾诉心中烦恼

从弗洛伊德时代开始，心理分析家就知道，假如一个病人可以开口说话，那么，只需要将话说出来，他心中的忧虑就可以消除。心理学家表示，当一个人说出自己的忧虑之后，就可以更清晰地看到身上存在的问题，找到更好的解决方法。或许，这其中的奥秘是无法被探知的。不过，几乎每个人都知道，将心中的烦恼倾诉倾诉，或者发泄一下心中的闷气，会让人感到浑身轻松。

英国思想家培根说："如果你把快乐告诉一个朋友，你将得到两份快乐。而如果你把忧愁向一个朋友倾吐，你将被分掉一半的忧愁。"分担，是一件有趣的事情，可以让我们的快乐加倍，让我们的痛苦减半。当你发现自己被那些怒气缠绕，而且无力摆脱的时候，千万不要让它憋在心中，要学会宣泄情绪，学会向知己好友倾诉心中的烦恼，让自己摆脱闷气的缠绕。面对不良情绪，唯有主动释放，理智宣泄，否则，后果将不堪设想。

快到凌晨了，李太太家里的电话铃声突然响了起来，李太太拿起电话："喂，你是哪位？"电话里传来了一个妇女的声音："我恨透了我的丈夫。"李太太感到莫名其妙："我想，你打错电话了。"但是，对方似乎没有听见，继续说下去："我一天到晚照顾两个孩子，他还以为我在偷懒，有时候我想出去见见朋友，他都不让，自己却天天晚上出去，跟我说有应酬，鬼才会相信呢！”李太太打断了对方的话：“对不起，我不认识你。”那位妇女生气地说：“你当然不会认识我了，这些话我怎么能对亲戚朋友讲，到时候肯定会搞得满城风雨，现在我说出来了，舒服多了，谢谢你。”随后，那位妇女就挂断了电话。

虽然这位妇女的做法十分荒唐，但是，我们也从中发现，被不良情绪所困扰的人，他们其实很想把心中的忧愁和苦闷倾诉出来，哪怕对方只是一个陌生人。在电影《2046》里，梁朝伟将自己内心的秘密对着一个树洞倾诉，由此不难发现，每个人都有一种倾诉的欲望。有时候，心中的烦闷可能是关于隐私的话，那怎么办呢？事实上，我们应该明白，在任何时候，知己好友都是我们心灵的伴侣，在朋友面前，又有什么可丢脸的呢？当然，向朋友倾诉自己的烦恼时，我们需要选择值得相信的朋友。

在生活中，当我们遭受工作或生活上的烦恼时，不妨寻找一个人聊聊、诉诉苦。当然，我们所找的聊天对象不能是随便从大街上拉的一个人，而应寻找自己信任的人，这样才可以放心地将自己心中全部的苦水和牢骚说给对方听。当然，这个信任的人可以是亲人，可以是心理医生，也可以是律师，我们可以对他说：“我现在遇到烦恼的事情了，我希望你能听我说说，然后给我出出主意。或许，你站在你的立场可以给我一些忠告，看到一些我自己不曾发现的问题。当然，即便你无法给我一些忠告，只要你愿意听我诉苦，当我的情绪垃圾桶，我就非常感激了。”

当然，除了与朋友聊聊，还可以尝试以下方法：

1.寻找适合自己的座右铭

你可以准备一本笔记本或是剪贴簿，然后寻找一些鼓舞人心的座右铭，包括诗句、名人的格言等。当感到烦恼，或者感到精神不振的时候，你可以看看这些座右铭，然后你会觉得情绪得到一种提升。

2.对他人感兴趣

你可以在公共汽车上为自己所看到的人虚构故事，假设这个人的背景和生活情况，假设对方的生活是怎么样的。慢慢地，遇到身边陌生的人时你就可以主动凑过去聊天。所以，对那些生活在自己附近的人，需要保持一种友善的态度，以及一种健康的兴趣。

3.不要为别人的不足担心

在生活中千万不要为别人的缺点而操心，假如你希望对方是一位圣人，那估计他也不会认为你是完美的。假如家庭主妇觉得自己嫁错了人，也不妨尝试这种方法。或许，当你发现他的优点之后，你会庆幸自己嫁给了他。

4.上床睡觉之前，计划好明天的事情

在前一天临睡前计划好第二天需要做的事情，这种做法能治愈我们的忧虑情绪。因为，当我们真的这样去做了之后，会发现自己依然可以完成许多事情，却感觉不到一丝疲惫。我们甚至会因为想到自己竟然完成了这么多的事情而感觉有些骄傲。当然，剩下的时间可以好好休息或者梳妆打扮一下。

5.使自己放松

放松，是避免疲劳和紧张的唯一途径。尤其对于女性而言，想必再也没有什么比紧张和疲劳更容易使人苍老、变丑了。如果你是一位家庭主妇，最重要的就是学会如何放松自己。其实，经常在家里做家务的主妇有一个很大的优势，那就是随时可以躺下来。家庭主妇们完全可以躺在地板上，其实，地板比床更利于放松自己，而且硬邦邦的地板对脊椎骨有很大的益处。

## 自言自语，缓解心理压力

现代心理学家发现自言自语是一种最健康的解决精神压力的方法。一个人可以倾诉的对象有很多，如朋友、家人、同学。但若身边没有可倾诉的对象，你可以试着自言自语，这样既不必担心自己的秘密泄露出去，也能很好地缓解消极情绪的影响，让自己找回快乐。

王丹是一个大二的学生。一度她觉得自己越来越不正常，如上课期间，王丹会幻想老师让她上去解题，她该如何解答这个问题。让王丹觉得更糟糕的是，她有好几次都无意识地将自己幻想中的对话都说了出来，她觉得要是被别人听到一定会很尴尬。

而自言自语这个习惯已经伴随王丹很多年了。她还在上初中的时候，每当别人指责她，而她又不知道如何应对时，便将这些事情都牢牢地记在心中。王丹一直试图寻找“如何面对他人的指责”的方法，而她幻想的情景中的表情和对话，很容易流露出来，好像真实地发生过一样。所以，为了不被同学发现她自言自语的习惯，她总是独来独往。她特别害怕在人前一不小心将自己幻想的话说出来而被对方听到，怕大家彻底孤立她。有时候，她怀疑自己是不是心理上有什么问题。

自言自语并不是一个不良的生活习惯。恰恰相反，自言自语是一种自我调节、缓解心理压力的方式。在心情不好的时候，很多人都选择自言自语的方式将心中的苦楚说出来。当人们苦于被消极情绪折磨而又一时找不到倾诉对象的时候，出于人类自我保护的本能，人们便试图通过自言自语的方式将自己心中的情绪表达出来，使自己的心理达到平衡。也就是说，当人们受到外界因素刺激时，用“自言自语”的方式来缓解内心的压力，是一种积极的心理调节方法。

心理学家认为，自言自语的作用体现在很多方面。

1.保持镇静

自言自语有一种令人恢复镇定的神奇力量，有一种令人产生安全感和有益于人际交往的效应：调整思绪，自己对自己说话，有助于大脑保持冷静，尤其是在紧张、劳累时。

2.调节情绪

自言自语也是有效的发泄情绪的方法。若任伤心、失望、抑郁等消极情绪积压在心中成为沉重的负担，会消磨掉我们生活中的快乐和幸福。而自言自语能帮助我们将消极的情绪及时地发泄出来，有助于达到重新找回幸福、快乐的目的。

3.改善睡眠

冥思苦想和各种不良情绪可导致人们的睡眠质量下降，而自言自语则能改善这一状况。自言自语能减轻消极情绪对我们产生的影响，从而改善睡眠的质量。

4.自我暗示

自言自语还相当于一种自我承诺，其原理有些类似于自我暗示。当我们情绪不佳的时候，若能站在镜子前对自己微笑一下，或许会感觉到心情变得好起来。因此，当我们失意时，不妨多对自己说一些激励性的、积极的话语，让大脑接收这一信息，从而利于心理健康。除此之外，自言自语是一种个人行为，不会耽误他人的时间，也不会将自己消极的情绪传染给他人，更不会泄露自己内心的真实情感或者小秘密。

在日常生活中，总有人认为自言自语是一件很难理解的事情。其实，自言自语并不是坏习惯，也不是心理有疾病的表现。相反，自言自语有利于人们的身心健康，能让人们的内心获得片刻的宁静，能让人们受伤的心灵获得慰藉。

## 幽默玩笑，驱赶内心的“闷气”

生活中需要幽默，幽默是高情商的表现，更是管理自我应具备的心态。运用幽默，能让矛盾消失于无形，能帮助我们调节情绪。著名的喜剧大师卓别林曾说：“通过幽默，我们在貌似正常的现象中看出了不正常的现象，在貌似重要的事物中看出了不重要的事物。”

幽默可以让你在面临困境时减轻精神和心理压力。俄国文学家契诃夫说过：“不懂得开玩笑的人，是没有希望的人。”这充分体现出了幽默在我们生活中的重要作用。

法拉第也深深地认识到幽默的重要性。他知道幽默能给人们的生活增添快乐，从而有助于人们更好地保持心理健康。若能够运用幽默的力量，那么你就能更好地保持心理健康，并有效地帮助自己松弛紧绷的神经。

著名科学家法拉第年轻时由于工作紧张，患上了精神抑郁症，情绪很不稳定，虽然多次去医院进行治疗，却没有任何改善。后来，一位名医对他进行了仔细的检查，但是并未开任何药物，只对他说了一句："一个小丑进城胜过一打医生。"法拉第开始并没有领悟到它真正的意义，经过反复琢磨以后，终于明白了其中的奥秘，领悟到了幽默的重要作用。从此以后，他经常抽空去看马戏、滑稽戏和戏剧，常常被逗得开怀大笑，渐渐地，他的症状明显减轻了。

小丑利用幽默的语言和动作给人们带来快乐，而在生活中，幽默是一种艺术，是能够给别人带来快乐的好习惯。喜剧大师卓别林曾说："幽默是生活的好方法。"这一说法也在生活中得到了很好的验证。想活得更加快乐，就应该学会幽默。人生之路并不是一帆风顺的，现实也许并不如我们设想的那么美好，最好的办法就是用幽默化解。幽默可以帮助人们消除消极的情绪，如悲伤、失落、抑郁和伤心。一个幽默的人，往往能轻松解决生活中的很多问题，与他人和谐相处，从而拥有良好的人际关系。

那么，如何成为一个幽默的人呢？

1.扩大知识面，丰富自己的幽默词汇

幽默是一种人生的大智慧，它必须有丰富的知识做支撑。因此，一个人只有拥有审时度势的能力、丰富的知识，才能更好地运用幽默。所以，你若想成为一个幽默感的人，就要扩大知识面，丰富自己的幽默词汇。因为，丰富的词汇有助于幽默感的表达。若没有丰富的词汇，无法恰当地表达出自己的想法，那么也很难达到幽默的效果。

所以，在日常生活中，我们应该注重知识的积累，从知识的海洋中汲取幽默的养分，从名人趣事的精华中获取幽默的智慧。

2.乐观地面对现实

幽默是一种宽容精神的体现。想要学会幽默地面对生活，就要学会宽容大度，懂得体谅他人，同时还要积极乐观。乐观与幽默是形影不离的，生活中如果多一点乐观和幽默，多一点微笑和宽容，多一份体谅和乐观，那么就没有什么无法解决的问题，我们也不会整天伤心、失望了。我们想要学会幽默，就要保持积极乐观的生活态度。

总之，幽默改变人的生活，给生活增添色彩，能让我们收获更多快乐。让我们来体验幽默的神奇力量，获得更多的幸福吧！

# 第 08 章 学会情绪转移法，轻松处理坏情绪

生活中，当人们遇到不顺心的事情时，会产生许多不良情绪，这是不可避免的。面对坏情绪，除了前面所说的一些方法之外，还可以采取情绪转移法，将自己不良的情绪进行转移，恢复好心情。

## 转移注意力，告别坏情绪

生活是缤纷多彩的，我们不可能每天都处于顺境、一生无坎坷，所以说经历一些磕磕碰碰和不如意也是在所难免的。有挫折不要紧，关键是能否以正确的方式去面对这些不顺心的时刻，如果一直纠结于心、郁郁寡欢，将会对身心健康产生不利的影响。如果随随便便把脾气撒到家人和朋友身上，我们不仅会伤害自己，也会伤害与他们的感情。那么，我们该如何调节自己的情绪呢？这里将介绍一种转移注意力、分散情绪的方法。即当出现不良情绪时，可以使注意力转移到其他活动上去，忘我地去干一件自己喜欢干的事，如练习书法、打球、上网等，从而使心中的苦闷、烦恼、愤怒、忧愁、焦虑等不良情绪通过这些自己感兴趣的活动得到宣泄。

人如果一直处于悲观情绪之中，就会变得越来越消沉，长期下来伤身伤心，所以我们要学会转移自己的悲伤。欣赏优美而且积极健康的音乐就能良好地转移自己内心深处积淀的那份不愉快，让自己变得舒心起来。音乐的神奇作用早有例证，美国汽车城底特律，以前许多加油站经常排长队，加油者因等候加油而心急火燎，常常争执吵闹。

自从在各加油站播放古典音乐和轻音乐后，这类现象就大大减少。此外，音乐还能帮助人改掉一些不良习惯，肖邦的钢琴声可以说是无人不醉，其中就包括一些烟瘾特重的人。当听到钢琴声时，他们竟能将一直不离手的烟熄灭，这就是音乐带给人的伟大力量。医学上也用音乐治疗某些疾病，因为音乐具有镇痛作用。据此，当人受挫后产生否定情绪时，同样可以用音乐转移人的注意力，即让不同情绪的人欣赏不同的音乐。例如，那些受挫折后心情烦闷、压抑的人适合听一些舒缓优雅的曲子；那些悲痛绝望的人适合听一些明快而又富有情感的曲子，这样更能令他们从中感受到生活的希望。

曾经有一位美国的成功人士就把自己的成功归功于良好情绪的培养。当时他只是公司的一名不起眼的小员工，总是受到很多前辈的歧视。一次，他忍无可忍，决定离开这家公司。临行前，他用红笔把公司里每一个人的缺点都写在纸上，将他们骂得体无完肤。骂完后，他的怒气逐渐消去，决定继续留在公司。从那次以后，每当心中愤怒的时候，他总是把满腹牢骚都写在纸上，之后便立刻感觉轻松不少，好像一个被放了气的皮球一样。他的这些牢骚都被自己收藏起来，也从不拿出来让他人看到。在后来的日子里，他与同事的关系越来越和谐，当大家知道他能合理地调节自己的情绪时，都觉得他非常有内涵，领导对他也越来越器重。

生活中，不好的情绪总会出现，我们不应该悲观消极，要学会转移自己的注意力，分散不快乐，这样心情才会更加阳光。

那么，生活中的我们又该如何转移注意力呢？

1.多读书

读书对于人各方面的修养有着重要的作用，多读书不仅能提高人的气质，对于良好性格的养成等也会产生重大的影响。你可以选择读感兴趣的书，读使人轻松愉快的书。也许刚开始读时，你漫不经心，只是随便翻翻；但你若抓住一本好书，则会爱不释手，此时尘世间的一切烦恼都会抛到脑后。

2.善于倾诉

生活中遇到不如意的事情是正常的，但我们如果一味地闷闷不乐，对于身体是极为不利的。倾诉可令人取得内心感情与外界刺激的平衡，去灾免病。当遇到不幸、烦恼和不顺心的事之后，切勿忧郁压抑，把心事深埋心底，而应将这些烦恼值得信赖、头脑冷静、善解人意的人倾诉。若没有倾诉对象，自言自语也行，对身边的动物讲也可。

3.多培养好的兴趣

生活中兴趣多了，生活也就更加充实了，即便遇到不愉快也会有更多的时间与能力去转移与发泄。生活中，人们的兴趣很多，包括下棋、打牌、绘画、钓鱼等。从事你喜欢的活动时，你那不平衡的心理会逐渐得到平衡。如“不管面临何等的目前的烦恼和未来的威胁，一旦画面开始展开，大脑屏幕上便没有它们的立足之地了。它们隐退到阴影黑暗中去了，人的全部注意力都集中到了工作上面。”她就是通过画画治好了忧郁症。

## 远离冲动，抑制激动

生活中，我们总会遇到一些影响我们情绪的事，这时我们平静的心就会被扰乱，或开心，或悲伤，或愤怒，这些激动的情绪若得不到排解，就会产生一个“情绪链”，也就是人们经常提起的“踢猫效应”，而我们就是这个循环反应的罪魁祸首。激动引发冲动，我们在心情激动前，不妨先深呼吸一下，让自己冷静下来，如此便能远离冲动，抑制激动。

有一天，小荣和丈夫去购物。在一家裤行，她走近一个售货员：“有靴裤吗？”售货员本来低着头，瞟了小荣一眼，不耐烦地说：“长靴还是短靴？”小荣说：“长靴。”“中间一排。”小荣看中一条条绒布料的，就伸手去拿。售货员叫喊道：“别拽，别拽。”小荣就停了下来。那个售货员一边给另一位顾客拿裤子，一边牢骚满腹：“烦死我了。”随后鼻子不是鼻子脸不是脸地对小荣说：“哪条？”一见那架势，小荣着实有点生气了，但她深呼吸了一下，还是忍住了，这不值得计较。她决定不买了，迅速走向门口，丈夫正在那里等她。正好，店主人也在门口，看见了刚才发生的事，找了另一个售货员，要为小荣服务。这个服务员说："你可真是海量啊，去她那买衣服的人，没几个不和她吵架的，你的修养可真是少见。"小荣一听，倒也挺开心。

小荣面对这样的售货员，没有和她理论，而是离开了，她获得了别人对她修养的肯定。其实，本应该如此，何必生气呢？她能改变那个售货员吗？她态度不好，小荣可以转向别家去买，小荣能损失什么呢？损失的是售货员自己。

其实，激动本身并没有任何破坏性，但在激动的情况下，人们会做出失去理智的事，它带来的负面影响可能远远大于我们的想象。

人们在遇到一些或悲或喜的事情时，都会激动，并且很难一下子冷静下来，所以，当你察觉到自己的情绪非常激动、眼看控制不住时，可以及时转移注意力以自我放松，鼓励自己克制冲动的情绪。对此，我们可以尝试一下深呼吸法。

在深呼吸后，你可以通过自我暗示来平息情绪。例如，当遇到有人超车时，你可以对自己说："这个人大概有什么急事吧。"或者说："也许我的车开得的确太慢了。"这样，你就不至于发火了。事实证明，"重新判断"的确是一种极为有效的控制不良情绪的方法。

最后一点，就是在我们控制住冲动的情绪后，还要重新思考，努力打开心结。仔细反思一下，为什么会有冲动的情绪，为什么自己不能从一开始就看开点，为什么不能很好地控制情绪，这样才能从源头遏制冲动。

不论遇到什么事，我们都需要冷静对待。过度的悲愤或喜悦对身心都是有害的，忘情的发泄也会给自己和他人带来不良影响。当大喜大悲的事情降临在眼前，当大起大落的人生不停振荡，“深呼吸”是一剂良药，它可以帮助我们缓和情绪，让我们在行动之前先冷静下来。

## 忘却，是一剂“止痛”良方

人生在世，难免会遇到一些挫折、失败和痛苦，这些都是不顺心的事。如果我们把痛苦埋在心里，日积月累，我们就会深陷意志消弭的泥潭而不能自拔，跌进精神萎靡的深渊而不能解脱。因此，要远离痛苦演绎的“悲惨世界”，就要找到一剂“止痛”的良方，这剂良方就是忘却。

忘却也是保持心理平衡的好办法。忘记烦恼，忘记忧愁，忘记苦涩，忘记失意，忘记昨天，忘记他人对你的伤害，忘记朋友对你的背叛，忘记脆弱的情怀，忘记你曾有的耻辱……这样你便可乐观豁达起来。

的确，很多时候，人们都是在为过去所累，过去的冤怨，过去的争吵，过去的误解，过去的情感，包括过去的辉煌与荣耀。其实，那些不过是飞过头顶的一片云彩，飘过眼前，便云消雾散。懂得忘记不快的人是豁达的、成熟的、美丽的。因为，忘却就是一种豁达，一种千帆过后的沧桑沉淀。世事无常，命运颠沛，生活还是无谓地继续着，去糟入鲜，除旧迎新，遗忘一些过往会使体内的血液更新鲜地涌动！

忘却也是一种成熟，一种阅尽繁华之后的淡泊。在每一个无人的夜晚，梳理思绪，不要再有目光穿透伤悲，活在当下，更真实地拥抱自己！

忘却也是一种美丽，一种禅意的空灵。刻意的遗忘相对来讲是困难而苦累的，但只要是你想抛弃那包袱，就没有什么不可能。而无意的遗忘，是一种不深刻的体现，但也体现了人生的练达旷意。

我们要学会善于淡化烦恼，忘记烦恼。那么，如何才能淡化和化解烦恼呢？你可以试试以下方法：

1.逆向思维比较法

例如，发生了重大车祸，死伤多人，皆为不幸。未伤者受惊，轻伤者轻痛，重伤者重痛，死亡者惨痛，由前往后比，虽是不幸，但又是大幸。

2.把一切交给时间

时间是淡化、忘却痛苦的最好利器。遇到烦恼之事时，倘若你主动从时间的角度来考虑，心中对此烦恼之事的感受程度可能就会大大减轻。受了上级的当众批评，面子上过不去，心里难以承受，此时，不妨试想一下，三天后、一星期后甚至一个月后，谁还会把这件事当回事？何不提前享用这段时间的益处呢？

3.忘却不是逃避

勇于承认现实，坦然面对现实，不必为任何既成事实的过失以及灾祸过多地后悔和烦恼，也不必因此而无休止地责备自己或他人，而应把思想和精力放在努力弥补过失、最大可能减少损失方面。

当然，忘却不快，并非是简单的对过去的抹去和背叛，而是把往昔的痛苦与烦恼沉淀于心底，更好地主宰自己的命运、把握未来。学会遗忘，走出烦恼泥潭，便会倍感生命的可贵、生活的绚丽，从而让生命更富有朝气和力量。

人的一生辗转曲折，谁都不是一帆风顺的。选择忘却，是为了丢掉包袱，更加轻松愉快地前行。当我们学会适当地抛弃那些本心之外的附属品，简单的生活会令我们更接近幸福的真谛。

# 远离让你焦虑的人和事物

所谓焦虑，从心理学的角度来说，是一种心理现象，也是人们内心深处的感受。通常情况下，人们一旦感到焦虑，就会伴随相应的身体反应，诸如心慌心悸、盗汗、情绪波动，以及气喘吁吁等。不过，焦虑和愤怒不同，愤怒也许是因为一时的情绪反应突然暴发出来的，但是焦虑往往是慢性的，是在生活过程中逐渐形成的。如果焦虑严重，或者长期陷入焦虑之中，还有可能导致胃痛、失眠等严重症状。由此可见，焦虑对于人的身体和心理健康十分有害。

做个形象的比喻，焦虑就如同人生之中的雾霾，导致人生始终处于雾蒙蒙的状态，根本无法阳光灿烂。而且，雾霾中的很多颗粒会伴随空气进入人体，使人的身体健康状况恶化，也使人的情绪波动加剧。心理学家曾经专门研究，有些人之所以焦虑，就是因为对于自己的现状不满意，或者心怀抱怨。为此，自以为能力超群的他们在现实的巨大反差下，感到心中委屈，才华被埋没，最终根本无法证实自己的实力和能力。他们就这样年华老去，梦想渐渐消逝。在焦虑心理的驱使下，很多人一生都忙忙碌碌，最终却碌碌无为，人生变得越来越沉沦。其实，要想消除焦虑，除了端正心态、控制情绪之外，还有一种卓有成效的方法，那就是转移注意力。

大学毕业之后，乔丽就进入乡镇的中心小学工作，始终战战兢兢，如履薄冰。然而，在辛苦工作10年之后，乔丽连个主任都没当上，她不由得越来越焦虑，觉得人到中年却仍没有人生的方向。前段时间，乔丽因为给其他暑期里开办补习班的同事介绍了几个学生，遭到举报。如今，校长正在四处查找证据，要以处罚她为由，把她调到村小。对此，乔丽变得更加焦虑，一则因为她已经熟悉和习惯了在中心小学的生活，二则她的孩子也在中心小学读书，而且她专门为了孩子选择带一年级，只为了亲自教授自己的孩子。

在校长寻找证据期间，乔丽渐渐变的茶饭不思、寝食不安。看着越来越焦虑的妻子，和乔丽同在中心小学任职的丈夫张坤，决定帮助乔丽转移注意力。原本，他们一直有些犹豫要二胎的事情，趁着这个机会，张坤劝说乔丽："媳妇，别管校长怎么做了，咱们做咱们该做的事情。既然工作上有挫折，咱们不如趁此机会要老二。看着孩子成长，也是人生的一大收获啊！"乔丽听到张坤的话怦然心动，毕竟身边要二胎的人很多，她也早就有些动摇了！很快，乔丽就怀上二胎，再次开始孕育新生命。

对于乔丽而言，与其胆战心惊地等待校长宣判她的未来，不如自己主宰未来。其实，不管在哪里工作都是一样的，只要自己幸福快乐就好。为了缓解焦虑，乔丽和张坤一拍即合，决定要二胎，这样他们未来几年的时间都会以孩子为重心，实现人生的另一种成功。

其实，很多人之所以焦虑，都是因为欲望。人生的本质并不苦，苦就苦在人生的欲望太多。在我们因为某种欲望得不到满足而感到焦虑的时候，当我们的人生无法被才华支撑起来的时候，不如转移注意力，让自己的心找寻到平静，从而更加从容理智地面对生活。

（1）任何时候，焦虑都是人心深处的挣扎。面对焦虑，我们与其苦苦挣扎，不如转移的注意力，从而把自己从焦虑之中解救出来，让时间给予我们最好的解答。

（2）这个世界并不想为难任何人，是我们每个人都在与世界较劲。假如我们能够抱着随遇而安的态度，让生活变得更加从容，我们的人生也会变得顺利，不再扭曲。

（3）随着年岁的增长，我们不应该被欲望驱使，而应该减少欲望，让人生变得简单、随性。

## 这些方法可以让你放松下来

法国作家大仲马说："人生是一串无数的小烦恼组成的念珠。"在日常生活中，烦恼、怨恨、悲伤、忧愁或愤怒等不良情绪都是常见的情绪反应，这些都容易成为内向者的典型情绪。内向者生闷气的时候，实际上整个人都陷入了不良情绪之中，容易产生孤独感、缺乏积极进取的精神。总而言之，生闷气会让一个人变得郁郁寡欢，因此，我们需要寻找让自己放松的方式。

培根说：“无论你怎样表示愤怒，都不要做出任何无法挽回的事来。”美国前总统林肯如果在外面和别人生气了，回到家里就会写一封痛骂对方的信，当家人第二天要为他寄出那封信的时候，林肯会极力阻止：“写信时，我已经出了气，何必把它寄出去惹是生非。”生活中，我们如何面对心中的种种不良情绪？当然是合理地宣泄，放松自己。

其实，在很多时候，所谓的放松方式就是发泄心中烦恼，无压力地宣泄不满情绪，将心胸放开，这样就会减少一些不必要的烦恼，也能避免将这样的不良情绪传给其他人。不良情绪的产生是由于心理上失去了平衡，或者是自己的要求和欲望没能得到满足。因此，内向者可以转移心境，寻找一种放松的方式，这样不良情绪自然会消失。

齐文王患了忧虑病，但没能找到正确的治疗方式，时间长了，他的病情越来越严重，甚至到了卧床不起的地步。这时，大臣建议请名医来诊断，于是，齐国派人到宋国去请名医文挚为齐文王医治。文挚查看了齐文王的病情，判断出必须采取一定的方式来赶走他人心中的闷气，但是，顾虑到这样会触怒齐文王而惹来杀身之祸。对此，齐国太子向文挚保证，无论如何都会保证他的安全。于是，太子与文挚约好了看病的时间，但是，文挚连续3次失约。齐文王虽在病床上，却对此十分恼怒。

后来，文挚终于应约而来，但是，他不拖鞋就上床，践踩齐文王的衣服问病，气得齐文王不搭理他。这时，文挚用粗话刺激齐文王，齐文王终于按捺不住，翻起身来就大骂。没想到，齐文王的病却因此好了。

所谓“怒动其身形、冲破忧伤烦闷的不良情绪”，有人在愤怒时暴跳如雷、面红耳赤，实际上，这就是一种能量发泄。人们常说：“言为心声，言一出，心便安。”积极的能量发泄可以采取唱歌、怒吼等方式，这也不失为一种轻松的方式。

1.大声哭泣

哭泣是一种行之有效的发泄情绪的方式。据调查，85%的妇女和73%的男人在哭过之后，心情会好受一些。威廉菲烈博士说：“哭可以将情绪上的压力减轻40%，哭是健康的行为，值得鼓励。”

2.将不良情绪写出来

将心中的烦闷写出来也是一种自我放松的方式。一般情况下，写诗、写日记都能够有效地发泄郁积在心中的不良情绪，使情绪恢复平静。而且，从心理学上说，适当发泄长期以来积压的闷气，可以减轻或消除心理疲劳，比起将闷气郁积在心中，将怒气发泄出来会更好，这样可以使我们变得轻松愉快。不良情绪就像夏天的暴风雨一下，需要适当发泄，这样才能净化周围的空气。

3.大声吼叫或大声歌唱

在电视剧《北京人在纽约》里，面临破产的威胁，失败的阴影来袭的时候，王起明一边开车一边高唱“太阳最红……”，获得了心灵上的暂时放松；在日本，每年都要举办一次呐喊比赛，那些情绪不满者向远处的大山大叫，以发泄心中的怒气。或许，对于每一个人而言，都有着各自的放松方式，但是，最终的目的都是赶走郁积在心中的闷气。

4.激烈运动

有一位商人在谈到自己放松的方式时说：“当我自知怒气快来的时候，连忙不动声色地想办法离开，跑到自己的健身房。如果我的拳师在那里，我就跟他对打；如果拳师不在，我就猛力地捶击皮囊，直到发泄完自己的怒火、整个人轻松下来为止。”

# 第 09 章

# 感染快乐情绪，让生活保持美好快乐

情绪是可以传染的，不论是坏情绪还是好情绪。生活中，我们要尽可能做到别感染坏情绪，而让积极快乐的情绪互相感染。一些细微的小事情，放大之后，便会令快乐增加很多倍。学会感染快乐情绪，让生活保持美好快乐。

## 随“心”所欲，跟着快乐走

生活中，我们经常要面临两难的抉择，尤其是在现在这个信息多而乱的社会中，做出正确的抉择更不是一件易事，这就需要我们有出色的判断能力。然而，一些人在做出决定后，却因为害怕失败而左右摇摆，当断不断，不愿实施，以致为自己带来很多困扰。其实，你不妨随“心”所欲，把一切都交给自己的心决定，这样你便能获得快乐，获得好情绪。

那么，我们如何做到随“心”所欲呢？

1.着眼于当下的工作

一群年轻人到处寻找快乐，却遇到许多烦恼、忧愁和痛苦。于是，他们询问老师苏格拉底，快乐到底在哪里？

苏格拉底说：“你们还是先帮我造一条船吧！”

年轻人们暂时把寻找快乐的事放到一边，找来造船的工具，用了七七四十九天，锯倒了一棵又高又大的树；挖空树心，造成了一条独木船。独木船下水了，年轻人们把老师请上船，一边合力荡桨，一边齐声唱起歌来。苏格拉底问：“孩子们，你们快乐吗？”

年轻人们齐声回答：“快乐极了！”

苏格拉底道：“快乐就是这样，它往往在你忙于做别的事情时突然来访。”

2.承认痛苦的存在

我们强调要追随自己的内心，选择快乐，但这并不代表痛苦不存在。因此，要想拥有好情绪，我们就不能过于苛求生活。

人生有烦恼，往往是因为顾虑太多。患得患失的人往往顾此失彼，从此沦入恶性循环。情绪是由心态决定的，有些时候，我们不妨暂时抛弃那些无谓的顾虑，跟随心的脚步。我们内心真正渴求的，其实很简单，也很容易满足，关键看我们如何对待。

## 你选择快乐，快乐就会选择你

什么是快乐呢？字典上对快乐下的定义多半是：觉得满足与幸福。德国哲学家康德则认为：“快乐是我们的需求得到了满足。”的确，快乐是一种美好的状况，也就是没有不好或痛苦的事情存在，你觉得个人及周围的世界都挺不错。然而，与快乐相伴相生的，还有痛苦，快乐与痛苦，是生活中永恒的旋律，谁也不敢保证自己时时刻刻都是幸福和快乐的，我们应看重的不是几何痛苦、几何欢笑，而是心在痛苦和欢笑时的选择。你选择快乐，快乐自然就会选择你。

在现实生活中也是如此，处于同样的环境之中，有人觉得快乐，有人深感不幸。两个人同时望向窗外，一个人看到星星，一个人看到污泥。这代表着两个截然不同的态度。

我们不难发现，那些懂得享受快乐、享受人生的人，都是忙碌的、有活力的、性格外向的人，而他们之所以快乐，是因为他们选择了快乐。可见，选择快乐能让我们拥有好情绪；反过来，如果我们选择用一种抑郁的心情去体味人生，那么，我们的一生也会充满折磨和煎熬。

那么，我们怎样才能获得快乐的情绪呢？

1.只跟自己比，不和别人攀

也许，自打记事以来，我们就被周围的人影响，开始对所谓的“成就”“成功”有了一定的概念。在这种压力下，我们努力学习、努力找工作，并且，这种压力随着年龄的增长越来越强烈。而一旦自己落后于他人，我们就会变得自卑、伤心，甚至一蹶不振。

所以，要让自己获得快乐，就要重新审视自己，审视自己当初的标准是不是错了，如今有无进展。如果你真的已经尽了力，相信一定会今天比昨天好，明天比今天更好。

2.关心周围的人、事、物

假如你把目光转移到周围的人、事、物上，而不是只看到自己，那么，你的眼界一定会开阔很多。那些以自我为中心的人，之所以永远得不到快乐，就是因为他们永远都不知道满足。

那么你应该关心什么、关心谁呢？睁开眼睛看一看，我们虽然平凡，至少可以帮助学童上下学，为病人念念书，到老人院打打杂，甚至把四周环境打扫干净……只要付出一点点，你就会快乐。

## 别被他人的不良情绪所传染

美国夏威夷大学的心理学系教授埃莱妮·哈特菲尔德及她的同事经过研究发现，包括喜、怒、哀、乐在内的所有情绪都可以在极短的时间内从一个人身上“传染”给另一个人，这种传染速度之快甚至超过一眨眼的工夫，而当事人也许并未察觉到这种情绪的蔓延。我们会有这样的体会：如果哪一段时间你的领导心情不错，那么你的同事们也会被感染，大家的默契程度会提高，工作起来也更得心应手；如果哪一天领导情绪低落，则大家都不敢说话，工作积极性不高，工作效率也受到影响。当然，情绪的传染不仅在上下级之间这样明显，关系越密切、越熟悉的人之间，情绪的感染就会越明显。

生活中，当我们的亲人、朋友、同事情绪低落时，我们难免也会有所触动，并希望自己能安慰对方。但无论如何，我们都不要被对方的消极情绪感染。

以前，一个在日本学习武功的美国人在地铁里遇见一位滋事挑衅的醉汉，车厢中的乘客都敢怒不敢言。他见醉汉实在太过分，便准备好好教训一下这个家伙。醉汉见后，立即朝他吼道："哟呵！一个外国佬，今天就叫你见识见识日本功夫！"说罢，摩拳擦掌地准备出击。

这时，一位和蔼的日本老人朝醉汉招了招手。醉汉骂骂咧咧地过去了。

"你喝的是什么酒？"老人含笑问道。

"我喝的是清酒，关你什么事？"醉汉依旧气势汹汹。

"太好了，"老人愉快地说，"我也喜欢这种酒。每到傍晚，我和太太喜欢温一小碗清酒，坐在木板凳上细细品尝。这样的日子真是叫人留恋。"接着，老人问他："你也应该有一位温婉动人的妻子吧！"

"不，她过世了……"醉汉声音哽咽，开始说起他的悲伤故事。过了一会儿，只见醉汉斜倚在椅子上，头几乎埋进老人怀里。

这里，我们发现，这位老人很善于安慰他人，面对气势汹汹的醉汉，他能以体贴的交谈，让醉汉掏出心窝子说话。

生活中，可能也有很多人和故事中的老人一样善良，但又有多少人能做到在安慰他人的时候不被对方的坏情绪传染呢？

要做到这点，我们需要：

1.完善自己的个性

人的个性里有很多消极因素，如自私、骄傲、爱面子等，这些都容易形成负面情绪。心理学研究显示，那些心直口快、心里藏不住秘密的人更容易把自己的情绪传染给他人，因为他们表达情绪的能力更强；另外，内心较为脆弱的人则更容易接收他人的情绪。因此，我们若想不被他人的负面情绪左右，首先要完善自己的个性，当你变得宽容、大度、善良的时候，自然会心胸开阔起来。

2.有足够的爱心和耐心

任何负面消极的情绪，一旦遇到爱，就如冰雪遇到了阳光，很容易就消融了。如果你想体会对方的心情，就要学会用爱心和耐心去关怀对方，让对方对你敞开心扉。

世上没有无缘无故的坏心情，当我们遇到满面愁容或是怒容的人时，应该学会体谅和包容，用一定的技巧与之沟通，同时也要避免被他的不良情绪裹挟，受到传染。

快乐的心情拥有巨大的能量，能令我们生机盎然，充满创造力。我们每天都在面对各种各样的事情，选择以一颗积极的心对待，每件事都会变得美好生动，生活也会因此而精彩非凡。

# 用好情绪感染对方

感染，词典中一说是“受到感染”，另一说是“通过语言或行为引起别人相同的思想感情”。生活中，情绪的感染总会在经意和不经意中影响着人的生活。人生坎坷，不会总是一帆风顺，生活中有太多太多的不如意，不如意的事会或多或少地感染着每一个人，让人无法回避。既然坏情绪总是在有意无意中影响着他人的生活，那么，我们何不反过来想一下，当他人情绪不好的时候，我们是否也可以通过传达自己的好情绪，让他人快乐起来呢?

当年，孙中山先生在广州广东大学——即中山大学发表演讲。听讲的人多，通风不畅，空气不好，所以有些人精神较差，显得比较疲倦。孙中山先生看到这种情况，为了提起听众的精神，改善一下场内的气氛，便讲了一个故事：

小时候他在香港读书，见到一个渔夫买了一张马票，因为没有地方可藏，便在牢记马票的号码后，将它藏在时刻不离手的用来撑船的竹竿里。后来马票开奖了，中头奖的正是他。他便欣喜若狂地把竹竿抛到大海里去，因为他以为从今以后就不用再靠这支竹竿生活了。直到问及领奖手续，知道要凭票到指定银行取款，他这才想起马票还藏在竹竿里，便拼命跑到海边，可是连竹竿影子也没有了。

讲完这个故事，听众议论纷纷，笑声、叹息声四起，会场的气氛活跃了，听众的精神振奋了。于是孙中山先生抓住时机，紧接着说，“对于我和大家，民族主义这根竹竿，千万不要丢啊！”就这样，他很自然地又回到原有话题的轨道上。

故事中，孙中山就很善于调动听众情绪，当大家昏昏欲睡时，他通过一个巧妙的故事，将大家的关注点重新带到他要演讲的问题——民族主义上。

的确，当遇到别人处于坏情绪时，我们需要做的不是与他动粗，“以暴制暴”，而是用健康的情绪去感染他，转移他的注意力，引导他产生愉快的心情。实验表明，人们在相互交流接触时，情绪会通过手势、语言、眼神等方式传递给他人。我们如果能安抚别人的情绪，将自己的快乐传染给别人，将是一件很有意义的事情。

那么，我们该如何把好情绪传染给他人呢?

1.先体谅他人的情绪

要感染他人，就要首先理解他人，体谅他人的情绪。例如，他人对你不友好，或许他原本无心，只是刚刚遇到了不顺心的事，正在气头上，而我们无意中做了他的“出气筒”。对这样的情形，我们不必往心里去，应尽量宽容为怀，体谅他人。只有树立正确的态度，我们才可能有意愿去帮助他人摆脱负面情绪。

2.表达你的热情

我们不要指望冷漠的态度会起到感染他人的作用。热情与快乐是一对连体婴儿，对方在感受到你的热情时，自然会对你敞开心扉，也会逐渐接受你传达给他的情绪。

3.幽默

幽默是一种特殊的情绪表现，也是人们适应环境的工具。具有幽默感，可使人们对生活保持积极乐观的态度。许多看似烦恼的事物，用幽默的方法对付，往往可以使人们的不愉快情绪荡然无存，立即变得轻松起来。

没有人真的喜欢当垃圾桶，也没有人喜欢整日满脸阴霾的人。当今社会，每个人的压力都很大，我们又凭什么让别人被自己的不良情绪传染呢？换上一张微笑的脸，当用自己的快乐使周围的人也都开心起来时，我们自己的生活也会更加灿烂夺目。

## 接受命运安排，享受人生过程

现实生活里，大多数人都渴望人生丰富多彩，不遗余力地追求理想目标的实现，却不知道淡然地享受人生就是幸福快乐。其实，无论人生目标有多么瑰丽辉煌，也不能为了“短暂”的拥有而放弃过程里的开心微笑。

人不能改变过去，也不能控制将来，人能控制改变的只是此时此刻的心念、语言和行为。过去和未来的东西都虚无缥缈，只有当下才是真实的。因此，一个人，不管生命能否长久，都应该学会体验生命过程的丰富多彩，享受其中的愉快幸福。

一位迟暮之年的富翁，沐浴着冬日的阳光，在海边散步。他看到一个渔夫在悠闲地晒着太阳，就问道："你为什么不打鱼呢？"

"为什么要打鱼呢？"渔夫反问道。

"挣钱买大渔船啊！"

"买大渔船干什么？"

"打很多的鱼，你就可以成为富翁了。"

"成了富翁又能怎么样呢？"

"你就不用打鱼了，就可以幸福自在地晒太阳啦！"

"我不正在晒太阳吗？"

富翁哑口无言。

是啊，有时候我们苦苦追求的所谓的幸福与快乐其实就在眼前，那又为什么不知足呢？很多人经过多年的打拼和艰苦的奋斗，也许会有所成就，但人的一生就该如此忙碌地拼搏到死吗？其实，享受真正的人生之旅比直到旅程结束时还没有感受到快乐重要得多。

幸福是一种心境，淡泊宁静，不计较得失，不在乎成败。这是一种睿智的生活态度和生活方式。

很多人认为，人的一生，最美好的风景当然在前方，于是，他们总是马不停蹄地赶路，总是对前方的路满怀期待，实际上，他们总是不断地失望。他们忽略了，当下的风景也会让人沉醉！

生活在商品经济的大潮里，每个人都要面对物欲横流的红尘世界的诱惑，对欲望的追求加快了我们前进的脚步，我们总觉得不远处的鲜花和掌声正在向自己招手，不容自己用更多的时间去欣赏周遭的风景。当我们殚精竭虑地攫取了满怀鲜花时，当我们白发苍苍时，却发现曾经在路边绽放的小花更加惹人爱怜；然而，我们往往已没有机会再回头去欣赏它的淡雅美丽了。

可见，我们要懂得享受过程，真正让我们满足的也是过程。人的一生也是如此，最美的不是结果，而是人生的旅途。

生命的意义不仅在于成就伟大的事业、实现崇高的人生目标，或者拥有巨额的财富，也在于淡然地享受人生过程中的愉快心情，感受人生过程里那份淡淡的幸福味道。

## 智者，不会在意小小烦恼

马克·吐温说：“世界上最奇怪的事情是，小小的烦恼，只要一开头，就会渐渐地变成比原来厉害无数倍的烦恼。”智者不会在意那些小小的烦恼，因为那些小小的烦恼会成为生气的源头，而生气则是十分愚蠢的行为。在生活中，那些生气所带来的恶劣情绪会挑拨起我们内心的冲动，而冲动的结果将会令我们更加生气。这样一来，情绪就会形成一种恶性循环，从此一发不可收拾。若是能远离生气，抑制内心的愤怒情绪，我们就能达到开心的彼岸。

从前，在古希腊住着一位名叫斯巴达的人，他有一个很特别的习惯：每次生气或与别人争吵时，他都会以很快的速度跑回家，然后，绕着自己的房子和土地跑3圈，跑完以后，就坐在田边喘气。许多人对他这个习惯很不理解，每次都好奇地问他这是为什么，而斯巴达总是笑而不语。

斯巴达是一个勤劳而精明的人，在自己的努力经营下，他的房子越来越大，土地也越来越广。但不管房子和土地有多大多广，一旦遇到自己生气或者与别人争论的时候，斯巴达就会绕着自己的房子和土地跑3圈。

直到有一天，斯巴达老了，他的房子变得特别大，土地也变得特别广，不过，这并不会影响他那数十年不变的习惯。每当斯巴达生气的时候，他会拄着拐杖艰难地绕着自己的房子和土地走3圈。等他好不容易走完了3圈，太阳已经下山了，而斯巴达则独自坐在田边，一边喘气，一边欣赏着自己的房子和土地。

这时，孙女在斯巴达身边恳求：“阿公！您可不可以告诉我？”斯巴达感到不解：“告诉你什么呢？”孙女挨着斯巴达坐了下来，说道："请您告诉我，您一生气就要绕着房子和土地跑3圈的秘密。"斯巴达笑着说："年轻的时候，我只要一和别人吵架、争论、生气，就会绕着房子和土地跑3圈，一边跑一边想，房子这么小、土地这么少，哪有时间去和别人生气呢？一想到这里，我的气就消了，整个人变得平和起来，把所有的时间都用来努力工作。"孙女感到很不解："阿公！可是，现在您已经年老了，房子也大了，土地也广了，您已经是最富有的人了，为什么还要绕着房子和土地跑呢？"斯巴达温和地说："可是，我现在依然会生气。为了克制内心的愤怒情绪的蔓延，我在生气时还是绕着房子和土地跑3圈，边跑边想，自己的房子这么大了、土地这么广了，又何必和别人计较呢？一想到这里，我的气也就消了。"

为了克制内心的愤怒，斯巴达绕着房子和土地跑3圈，跑完了气也就消了，再也不生气了。斯巴达看似愚蠢的行为，其实是智者的行为，因为不生气才是聪明人的选择，而生气只不过是愚者的本性。生活中总会有我们不如意的事情，有可能是被别人奚落了，有可能是自己最珍贵的东西被别人损坏了，但是，即使面对这样一些令人生气的事情，我们依然有选择的机会，可以选择生气，更可以选择不生气。

哲人这样形容生气带来的愤怒情绪：一个人在生气时就像是在喝酒一样，一旦喝下了第一杯，就会一杯接着一杯喝下去，最后，越喝越醉。于是，那些容易生气的人愚蠢地陷入愤怒的情绪里，难以摆脱，最终，只会被生气的情绪所吞噬。正是因为这样的道理，聪明的人是不会选择生气的，往往只有那些愚者才会选择生气。

1.生气的后果很严重

一位研究情绪的心理学家曾这样告诉人们："生气是一种最具破坏性的情绪，它给人们带来的负面影响可能远远超过我们的想象。"无疑，生气的情绪对于我们生活来说，犹如一颗定时炸弹，会严重影响我们的正常生活，使生活失去原本的平和美丽。一个人在生气时，他的所作所为都是没有经过大脑思考的，处处沾染着冲动的痕迹，虽然怒气在发泄的那一瞬间是顺畅的，但是，后果却需要我们自己买单。

2.克制内心的坏情绪，做一个智者

聪明人深知，即使生气也挽回不了什么，不过徒增许多怨气，于是，他们选择不生气；而愚蠢的人总是只看到事情的表面，凡事都喜欢生气，总认为生气是自己的专利，殊不知，时间久了生气就会成为自己的本性。做一个聪明人还是愚蠢的人，关键是看你如何去选择。学会做一个智者，克制住内心的愤怒，不要生气，更不要因为生气而说出愚蠢的话、做出愚蠢的行为。

# 第 10 章

# 借助外在的力量，用外物帮助自己修复心情

情绪需要调节，这需要人们借助外在力量，用外物帮助自己修复心情。生活中，有很多东西都是可以为我们所用的，如香水、服饰、装扮等，稍微一变化，就可以令我们情绪平复，从而找寻到久违的快乐。

# 醉人香气，平复沮丧的情绪

我们的生活中处处充满着气味，你想了解这些气味与情绪之间的关系吗？研究表明，气味对人的情绪的影响远远超出人们的估计。

据俄罗斯《观点报》报道，研究人员发现，如果一个人毫不隐讳地说对方身上的味道令自己难以忍受，那么，或许真的是对方的体味在作祟。

另外，据美国西北大学的研究人员所说，两个人初次见面时，双方的嗅觉都会比平时更加灵敏，他们会在无意识中捕捉和分析来自对方的最轻微的味道，这在很大程度上左右着第一印象。

科研人员认为，气味对情绪与记忆等有影响，是因为处理气味的嗅觉中枢与大脑的情绪和记忆区有密切联系。不同气味会通过神经传到嗅觉中枢，从而影响嗅觉和大脑的情绪记忆区，产生情绪和记忆的变化。

所以除了食物可以改变人的心情外，气味也可以改变一个人的心情。

玫瑰香味：在恋爱中选用，能增加心情的愉悦感。

水仙与莲花的幽香：令人产生脉脉温情。

紫罗兰和玫瑰香味：给人以爽朗、愉快的感觉。

苹果气味：可以缓解人的狂躁心情。

海水气味：容易引起人们对童年的回忆，对焦虑情绪有缓解作用。

茉莉、辣椒气味：有兴奋作用。

柠檬和尤加利树香味：能让人提高警觉，使人不会打瞌睡（如看电视时），放在客厅较宜。

菊花香味：能为你解除一天的疲劳，适宜用在浴室和洗手间。

白芷花香味：能刺激你做家务做得更快，宜用于厨房。

薰衣草香味：最适宜放一束在床边，亦可用来做枕头，令你睡得更安稳。

橄榄花香味：提神，让人对生命产生热爱。

天竺葵的香味：使人镇静。

牡丹、茉莉花香：促使人们产生轻松美好的回忆。

桂花香味：消除疲劳。

薄荷香：使人思维清晰，乐于活动。

檀香：能治疗抑郁症，起到镇静作用，使人心安神宁。

生活中，我们的周围充满各种各样的气味，但每个人都有自己喜欢的味道，无论它是实际意义上的还是意念上的，都能对人的情绪产生一些积极影响，有的可以使人缓解压力，有的可以使人平衡情绪，有的可以减轻悲伤。因此，我们在心情不佳时，不妨让自己置身于香味布置的“迷魂阵”中。

## 心情不好，不如吃点“好的”

你是否认为自己是个容易情绪失控的人？你是否对此感到很懊恼？你是否无计可施？其实，如果你想让自己心情好起来，只需改变一下你的饮食，因为很多食品有影响情绪的作用。如果你感到情绪紧张、闷闷不乐或痛苦不堪，解决这些问题的灵丹妙药也许就在你的冰箱里。

一些食品中含有大脑所需要的特殊营养成分，它们可以使你保持思维敏捷、情绪稳定。这些食品也许不能立刻使你处于最佳状态，但它们有助于改善你的情绪。

以下是可以让我们好心情绽放的美食。

异常愤怒——首选食品：瓜子

如果遇上堵车，你可能要迟到，这时你千万不要发火，拿出一包瓜子，慢慢嗑上一会儿。瓜子富含可以消除火气的维生素B和镁，还能够令你血糖平稳，有助于你心情平静。

感觉压抑——首选食品：菠菜

我们并不能保证一碗喜爱的食物就能令你成堆的文书工作变得无

影无踪，但营养学家帕特里克·霍尔福特说："菠菜含有丰富的镁，镁是一种能使人头脑和身体放松的矿物质。菠菜和一些墨绿色、多叶的蔬菜都是镁的主要来源，如羽衣甘蓝。"另外，菠菜还富含另一种降压营养物质——维生素C。

委屈、情绪低沉——首选食品：香蕉

你是否曾因发型做得不够理想、觉得白花了不少钱而郁闷？自尊心受挫、意志消沉都与5-羟色胺水平低有关，5-羟色胺是一种来源于色胺酸的有机物。香蕉含有大量的色胺酸，所以，细嚼慢咽地吃上一根香蕉有助于改善情绪。

反应慢、昏昏欲睡——首选食品：鸡蛋

如果你大脑反应迟钝，无法集中注意力，那么就吃上几个鸡蛋吧。鸡蛋富含胆碱，胆碱是维生素B复合体的一种，有助于提高记忆力，使注意力更加集中。鸡蛋内还含有人体正常活动所必需的蛋白质，能令人轻松度过每一天。

焦虑、神经质——首选食品：燕麦

你是否有过由于种种原因而久久不能入睡的经历呢？这时候，你可以在早上喝一碗燕麦粥。燕麦富含维生素B，而维生素B有助于平衡中枢神经系统，使你安静下来。燕麦粥还能缓慢释放能量，所以你不会出现血糖忽然升高的情况。血糖忽然升高有时会令你极度亢奋。

另外，你需要远离以下食品。

含糖食品：郁闷的一天快要结束时，你也许特别渴望吃上一块巧克力，但不到万不得已，千万不要吃巧克力。帕特里克说：“沮丧、疲劳、焦虑和经前综合征等众多问题都与糖分有关。”

酒精：如果你曾有过在夜深人静时无缘无故哭泣的经历，你就会明白酒精是一种重要的镇静剂。为了放松一下，偶尔喝上一两杯酒的确感觉不错，但如果过量，你就会意识到，酒精可真害人不浅！

咖啡：离它越远越好！咖啡因会过分刺激神经系统，令你感到神经过敏、焦虑不安。建议你远离咖啡，试一试有镇定作用的茶。

## 摆弄花花草草，心情大好

生活中，每个人都生活在自己的围城里，巨大的竞争压力使人们渐渐忘记了自我欣赏和肯定，进而迷失了寻找自我意识的目标和方向。事实上，快乐是一种由心而生的乐观心态，它来源于人们克服困难的勇气和对生命归宿的信仰。在现实生活中，我们常常有这样的感叹：人际关系让自己身心疲惫，因为人心是复杂的。在与人相处的过程中，我们需要考虑到别人的心理，甚至在某些时候，为了顾及别人的感受，反而弄得自己身心疲惫。所以我们才会说“做人难”，难就难在我们需要更多地考虑别人的心理，总是想到别人，而无视自己的感受，长此以往，自然会觉得累。在这样的情况下，我们需要学会调适心情，让自己的生活变得简单起来，这样就能快乐多了。

杨大叔是村里出了名的“乐哈哈”，因为他几乎每时每刻都是面带笑容，偶尔还会跟邻里乡亲开几句玩笑。如果你了解他的生活，就会知道他的心情为什么总是这样好了。

在杨大婶眼里，杨大叔是不学无术，总是摆弄那些花花草草，还有鱼儿、鸽子什么的，能变出几个钱呢？农村里朴实的妇女，她们的想法总是这样简单实在。但杨大叔总是说：“你不懂得啦，这是生活，这是情趣。”每次吃完饭，他总是先上楼看看笼里的鸽子，摸摸它们的羽毛，搂着它们，仔细观察它们的眼睛，嘴里还嘀咕着：“这只鸽子可是好品种，它的妈妈可是信鸽，等它长大了，我也带着它去参加比赛。”放下它们后，他还会在一边观察它们很久，才依依不舍地离开。

除了鸽子，杨大叔最大的爱好就是摆弄花花草草，他很喜欢将那些树枝弄成奇怪的形状，马啊，羊啊，龙啊……每每有朋友拜访，他就带着他们去参观自己的“植物园”，并骄傲地介绍：“这是紫荆花，这是茶花，这可是我嫁接的，然后从小将它们固定成一定的形状，它们长大之后就是这个形状。这跟我们平时教育孩子是一个道理——在孩子小时候就需要多花心思，把他们教育好，培养他们良好的习惯和性格。如果小时候不教育好，长大之后再想教育，那肯定是不行的。像这些小树苗，在它们幼小时不弄成形状，长大之后你再想它们成型，那肯定会折断树枝的……”看来，杨大叔不仅种出了兴趣，还种出了“心得”。

有时候跟杨大婶闹别扭了，听着杨大婶的唠叨，杨大叔也不生气，只是笑呵呵地去看自己的花花草草。实在无聊的时候，他就跟家里的小猫小狗说话，嘴里直嚷着：“猫咪，别懒了，你看太阳都照到屁股了，还在睡觉，快去看看屋里藏着老鼠没，快去，抓到了老鼠，晚上有红烧肉作为奖励。”也不知道小猫是听懂了，还是明白了他的意思，竟然真的撑腰起来，到屋里活动去了。

杨大叔是幸福快乐的，因为他生活在自己的世界里。在那个世界里，没有烦恼，没有忧愁，有的只是娇艳的花儿、青翠的树木、调皮的小猫、乖巧的鸽子、忠实的小狗，没有人事复杂的劳累。所以，杨大叔才会一直“乐呵呵”地活着。那些终日被功名利禄所劳累的人，如果看见了杨大叔的生活，是不是也会心生几分羡慕呢？

生活中，来自大自然的花草鸟鱼，给我们带来几分清新和快乐，让我们的心灵感受到一种前所未有的简单之美。看着花草鸟鱼，我们的心灵不再沉重，有的只是无限的快乐，以及祥和的心境。

1.远离世界，只与花草为伴

好朋友读了研究生，但她最大的愿望就是开一家花店。或许，对于这样的愿望，不少人会满脸不屑：“都上了研究生了，怎么还会有这样幼稚的梦想呢？”对此，好朋友道出了内心的苦闷：“我觉得，与复杂的人和事打交道，我会身心疲惫，我就是我，我不会为什么而变得圆润，为什么要那样累自己呢？相反，如果我整天与花花草草打交道，不仅不会累，还能将它们当成自己最好的朋友，向它们诉说自己的烦恼，那样的生活岂不是太美好？”听了朋友的话，许多人陷入了深思。

2.寻找心灵最初的快乐

在现实生活中，多少人为了所谓的事业而昧着良心做人，又有多少人因事业而变得世故圆滑？他们在取悦别人的同时，也丢掉了本真的自己。到最后，他们变得连自己都不认识了。所以，在生活中，我们更需要以花草鸟鱼来调节心情，在简单清静的世界里，找寻心灵最初的快乐。

## 色彩的魔力，让心情也斑斓

每天，我们都会接触色彩，其实色彩对我们的心情也是有帮助的，但前提条件是选择适合自己的颜色。一个终日穿着黑色衣服的人，想必他的心情不会好到哪里去，因为他给自己搭配的颜色已经泄露了其心理。我们可以说，透过一个人搭配的颜色可以看出其心情；反之，一个人所选择的色彩，其实是可以影响其心情的，即使他本身心情不怎么样，但如果懂得色彩的变换和搭配，是可以给自己带来全新的好心情的，这就是改变所带来的效果。

传说，在英国有一座桥，它有一个奇怪的特点——去那里跳桥自杀的人很多。后来，科技人员建议将桥漆成绿色，由于色彩带来的心理作用，去那里自杀的人明显减少了。

也许，这个故事是荒谬的，但据科学研究发现，色彩是视觉传达信息中的一个重要因素，能够表达一定的感情，或者说可以带给我们不同的情绪、精神以及行动的反应。例如，所有的色彩中，橙色会让人感到温暖，红色比较醒目，当我们的心情比较烦闷时，若是看到红色，心情就会开朗起来，而蓝色可以很好地将我们激动的情绪稳定下来。与其说色彩有一种魔力，还不如说色彩对我们的情绪有调节的作用。对此，我们要善于借助色彩的魔力，让自己的心情变得五彩斑斓。

视觉对色彩的感知，会直接反映到大脑，引起神经变化，从而作用于心情。日常生活中，人们对服饰的选择会受到心情的影响，但更多的是由个性决定的，如个性活泼的人，多会选择亮色系的服饰。同时，服饰的色彩对人的情绪也有相当大的影响，一个忧虑的人若是穿上亮色系的服饰，心情会相对改变。

在生活中，不要总是喜欢那几种颜色，而应学会尝试别的颜色，或许，其他的颜色会带给自己不一样的心情。大胆地变换色彩，给自己搭配出一个色彩斑斓的心情吧！

1.四季色彩与服装搭配

在色彩界，流行着“四季色彩理论”的概念。例如，春天给人的感觉是可爱、青春，时刻洋溢着一种热情。在春天，人们的特征为：脸颊粉红、发色微黄、眼睛为较浅的棕色、嘴唇的自然色比较突出。所以，在春天，服饰颜色应以黄色为主，带黄的绿色和橘色都是十分适合的，因为只有温暖而明亮的颜色才能衬托出一个人在春天的美丽与气质。

2.颜色要以明亮轻快为主

色彩搭配要以浅淡、轻柔、明亮色彩为主。如夏天给人柔和而优雅的感觉，在夏天，人们的特征为：肤色粉白、发色灰黑、眼珠呈茶色、嘴唇呈桃色或粉色。所以，在夏天，服饰颜色应以轻柔淡雅的浅淡颜色为主，如蓝色、紫色，不能选择浓重的颜色，因为浓重的颜色会破坏夏天的柔美。色彩搭配选择亮泽的冷色，选择相同的色系或相邻的色系进行浓淡搭配。

## 心情欠佳，窝着听音乐看电影

现在，越来越多的人将音乐和电影作为自己发泄情绪、释放压力的方式之一。我们发现，缓解内心压力、发泄负面情绪的方法很多，其中也不乏看电影、听音乐这样轻松又恰当的方式。轻松、畅快的音乐不仅能带给人美的熏陶和享受，还能够使人的精神得到放松。在紧张、郁闷的时候，我们可以多听听音乐，让那些缓缓流荡的音乐流过我们的心灵，抚平内心的伤痛，让我们重拾久违的快乐。电影与音乐一样，也可以带给我们畅快的感觉，电影就好像另外一个世界，当我们沉浸在电影的剧情之中，我们会暂时忘却烦恼和伤痛，我们的心情也会慢慢地随着电影故事的美好而变得好起来。当看完电影之后，我们差不多已经忘记了我们到底在为什么生气。其实，音乐和电影有一个共同的特点——它们都是艺术。

小江说："我有一个习惯，当我在烦闷的时候，我会选择听轻音乐，因为它不像摇滚乐那样刺耳、嘈杂，更适合我需要安抚的情绪和心境。"

说到自己通过听音乐释放内心的压力，小江一下子来了兴趣，他讲述了轻音乐的发展史："轻音乐可以营造温馨浪漫的情调，带有休闲性质，因此又得名'情调音乐'。它起源于第一次世界大战后的英国，在20世纪中期达到了鼎盛，在20世纪末期逐渐被新纪元音乐所取代，并影响至今。"说到这里，小江信手放了一手轻音乐的曲子，在缓缓流荡的音乐中，他说："这是班得瑞的音乐，它是轻音乐的经典乐队之一，有人说班得瑞是'来自瑞典一尘不染的音符'。班得瑞来自瑞士，它是由一群年轻作曲家、演奏家及音源采样工程师所组成的一个乐队，在1990年红遍欧洲。”

小江慢慢闭上了眼睛，用很轻的声音说：“当你轻轻地闭上眼睛，再放上班得瑞那一尘不染的天籁之音，你就会发现那些不沾尘埃的一个个音符静静地流淌着，它带走了一直压在心中的忧虑，让你的心灵在水晶般的音符里沉浸、漂净。清新迷人的大自然风格，反璞归真的天籁，如香汤沐浴，纾解胸中沉积不散的苦闷，扫除心中许久以来的阴霾，让你忘记忧伤，身心自由自在。”

有了音乐，即便我们的心灵曲折得山路十八弯，也会被缓缓流荡的音乐抚平，最终回归平静。有了音乐，就算是一个人待在黑暗中也会感到安全，感到充实。一位信奉基督教的人讲述了自己的经历：“最近老是被烦心事困扰，心变得敏感而细腻。那天，回到住的地方，居然发现自己没有带钥匙，同住的朋友还没有回来，一个人站在空旷的过道里，除了恐惧，还有一点对朋友的憎恨。有趣的是，那天我正好带了圣经，无聊之余，我翻开了圣经，借着灯光朗读起来，还唱起了圣歌。后来，我朋友回来了，这时，我心情已经回归了平静，不再抱怨，也不再生气。”音乐所带给我们的除了愉快，还有一份灵魂的寄托。

当你被负面情绪所困扰，感到精神压力巨大的时候，把自己置身于艺术的境界中，卸下心中的负担，你会发现自己感受到一种前所未有的轻松，畅游在艺术的殿堂里，忘记了烦恼，心境变得宁静，那些压力、愤怒都在这样的心境中慢慢释放，最终我们的心会回归平静。

1.艺术会舒缓大脑的紧张神经

与音乐有异曲同工之妙的还有电影，身边有许多友人表示："每次心里感到烦闷的时候，就挑选一些喜剧电影，如周星驰的《唐伯虎点秋香》，还有经典喜剧《东成西就》，每次都笑到肚子痛。当看完了电影，我差不多已经忘记烦恼了，我所能想起来的全是生活中一些美好的事情。"还有什么比带给我们笑声更适合的释压方式呢？电影就有这样的功效。

2.尽可能选择积极正面的音乐和电影

当然，我们在选择电影和音乐作为释放压力的帮手时，还需要挑选，尽量寻找一些对我们平复情绪有帮助的。例如，在烦闷的时候，挑选一部恐怖电影或听摇滚乐，都是不太适合的选择。不过，有的人性格奇怪，他们就需要这种激烈的电影和音乐，才能释放内心的压力。但在这里，我们还是建议选择舒缓一点的音乐和轻松一点的电影，相对而言，这样的选择给我们的心灵带来的负荷会少很多。

## 穿得漂亮，心情也会不一样

作为著名的时装设计师，夏奈尔曾经说，一个人唯有穿得无懈可击，才能让人们更多地留意他自身！假如一个人穿着邋遢，那么人们只会注意到他的着装。从这句话我们不难看出，着装对人的影响是很深远的。

尽管我们常说不要以貌取人，更不要以衣着取人，但是现代社会是现实的，尤其是在人际关系中，人们在接触一个人的时候，难以避免地会注意到对方的穿着打扮，从而对其形成初步印象。我们都很清楚第一印象的重要作用，因而现代社会的很多大学毕业生在找工作时，不但为自己制作精美的简历，还会购买高档时装，打造自己的职业形象。尽管这并不能改变一个人的能力和实力，但是能令其给人的第一印象加分，从而使其受到他人的刮目相看。

从自身的角度而言，我们也更愿意看到镜子里光鲜亮丽的自己。试想，在你面对镜子时，你是愿意看到一个邋里邋遢的黄脸婆，还是愿意看到一个神采奕奕的美女呢？毋庸置疑，每个人都有爱美之心，更别说是招聘者了。因此，作为现代职场人士，我们必须非常注重自身形象。有很多行业，为了打造良好的职业形象，会要求男士必须西装革履，女士必须化淡妆。

着装，如果从大的方面来说，就是自爱。一个人如果把自己当成破罐子去摔，甚至没有心情打扮自己，那么他必然对自己万念俱灰，彻底放弃。尤其是女性，哪怕成为全职家庭妇女，也一定不要放弃对靓丽时装的追求。细心的朋友们会发现，着装绝不仅是穿给别人看的，得体的着装还能够提升我们的信心，让我们满怀自信。

很多职场上的女性朋友，在感到压力太大或者身心俱疲的时候，往往会选择逛商场血拼，为自己购买大量的靓丽时装，从而改变自己的心情。还有些女孩在失恋之后，也会选择好好打扮自己，把自己打扮得漂漂亮亮的，与失败的恋情说再见。不得不说，这是一种强势的姿态，也是一种不服输的表现。也许，在还未分手的前一天，她们还围着围裙在厨房里为男朋友做饭；转眼之间，已经变成光鲜亮丽的女孩，独自享受生活的快乐。

当然，服饰搭配并不是那么简单的，需要有较高的审美水平以及对色彩的敏感度，才能穿出自己的独特风采，才能拥有自己的不同风格。诸如，我们不能因为一件时装美丽就选择这件时装，所谓合适的才是最好的，我们应该选择最适合自己的时装，使时装成为我们的加分项。毋庸置疑，如果穿衣搭配不当，时装很容易成为我们的减分项。所以，朋友们，我们应该提升自己的审美水平，从而让自己在靓丽时装的衬托下变得更加美丽动人。

尽管我们坚持不以貌取人，不以衣着服饰取人，但是我们还是应该注重时装的美丽搭配，从而穿出美丽、穿出好心情。服饰搭配能够调节情绪，使我们拥有好心情，既悦人，又悦己，聪明的朋友们，何乐而不为呢？

# 第 11 章

# 积极自我疗伤，镇定对待常发型应激反应

心情若过于压抑、悲伤、抑郁，就要学会自我调节，不能过度放任自己，这是对自己不负责任的表现。生活中，我们要擅长积极自我疗伤，镇定对待常发型应激反应。让我们迎接命运的挑战，摆脱厄运，从而重塑自我。

# 高考落榜，平常心对待

高考，几家欢喜几家愁。每年，一到高考时节，成绩自然成为最敏感的话题，考好了，当然是欣喜万分；落榜了，则容易出现应激障碍，甚至引发心理问题。谁都渴望十年寒窗无人问，一举成名天下知，但是在严酷的高考面前，不少落榜生从期望的巅峰跌落到现实的低谷，这本身就是一件十分痛苦的事情。尤其是对于正值青春期的孩子而言，他们的心理抗压能力还不足以面对人生的失利。所以，这时需要父母和孩子一起面对，积极做出正面的反应，坚信榜上无名、脚下有路，以后的人生路会走得更稳、更好。

高考，可以说是一场没有硝烟的战争，需要孩子和父母一起面对。考试前的倾心付出和关爱成为考后的如释重负和满心期待，父母在这个过程中会慢慢放松对孩子的关注。事实上，高考结束之后，孩子更需要父母的关心和理解。十年寒窗只为高考，对孩子而言，高考承载了太多的期待和汗水，然而，这只是孩子人生的起点，他们在这之前尚未遭受巨大的挫折，所以，假如孩子落榜了，父母要第一时间送上自己的理解和安慰，而非责难他们。

孩子高考落榜，父母应该如何做呢？

1.接受孩子落榜的事实

对父母而言，已经发生的事情，接受是唯一正确的选择。虽然这会令人痛苦，但这比否认现实、拒绝接受所感受的痛苦要小得多。当父母能够正视自己的心态之后，要试着理解："现实虽然让我失望，但我会和孩子一起面对。"

2.表达内心真实感受

孩子落榜，父母感到失望、伤心甚至愤怒，这就是真实的感受。父母往往不愿意面对或不敢面对这些感受，然而，这无疑是在压抑自己的情绪，时间长了反而会暴发出来。这时不妨承认自己的失望、伤心甚至愤怒，让自己的内心感受通过向朋友倾诉而得以释放。

3.与孩子坦诚沟通

高考结束后，父母的感受会通过各种方式传递给孩子，与其让孩子感受无形之中的压力，不如坦诚与孩子沟通，承认自己的失望，并安慰孩子："生活中难免有失望，不过，不管发生什么事情，我们都会和你一起勇敢面对。"

那么，对于孩子而言，又该如何做呢？

1.敢于面对落榜的事实

中国目前的高考录取率约有50%，这意味着另有50%的人因此落榜，你只不过是这50%中的其中一个，又何苦自责、沮丧呢？对于落榜，任何的逃避和痛苦都是无法解决问题的，只有勇敢面对，才能摆脱失败的阴影，走出心理的阴霾。

2.减轻心理压力

落榜的应激障碍源于孩子的目标和结果产生了冲突，因而导致挫折感、痛苦感的滋生。对此，孩子应该加强自身心理品质，积极减轻心理压力，有意识地控制自己的情绪，以积极、乐观的态度面对落榜，让自身的心态保持平衡。

3.与人沟通，寻求帮助

如果落榜后的孩子将自己关在家里，不见任何人，那自我封闭无疑会增加其心理负担。所以，孩子要走出去，与父母、同学、朋友进行交流沟通，在这个过程中孩子会得到关怀、爱护、帮助、信任，有利于减轻心理压力与痛苦，更容易走出困境。

4.转移注意力

如果孩子只关注自己的成绩，整天沉浸在落榜的痛苦中，那心理问题会越发严重。这时需要孩子转移注意力，如找一部自己喜欢的小说或电视剧看，或积极参加户外运动，或外出旅行。让孩子离开原来的生活环境，有利于他减轻挫折感，走出心理困境。

5.当一扇门向你关上，有另外一扇门向你打开

落榜并不意味着走投无路了，孩子可以选择上质量较好的民办大学；如果孩子潜力不错，还可以补习一年，下一年说不定能考上理想

大学；身体素质不错的可以去参军等。落榜之后，应先理性分析失败的原因以及如何走下一步的问题，而不应一味消沉。

高考落榜不能决定一个人今后没有好的前途，所以，落榜以后，孩子应该静下心来做一个客观的自我评价，设计一个人生目标，这样今后的人生之路才好走。如果目标不明确、不适合自己，将来还会遇到挫折。

## 丧亲，学会重建自己的生活

生老病死，人之常情。当亲人走到了这一步，留给我们的是无尽的哀痛。丧亲是人生所有经历中最具创伤性的事件之一，会带来一系列的应激障碍，包括生理反应、认知反应、感受反应和社会及行为反应。当人们还比较年轻的时候，那些让自己难过、伤心的事情，大多是失恋、工作受挫、自我怀疑。一旦步入而立之年，值得悲痛的事情慢慢变得越来越多，也越来越沉重，因为我们会更多地接触到一个终极话题——死亡。身边意外去世或者得了不治之症的人越来越多，尽管意识到生老病死是自然规律，但往往是我们尚未准备好接受，它就堂而皇之地来了，有时我们甚至要面对最亲近的人离世的伤痛。

尽管人在童年时期会接触过“死亡”这样的字眼，也可能亲眼看到过亲人病重、离世乃至其葬礼，不过那时懵懂的自己还不清楚什么是生死，什么是永远的离别。但现在，我们成为经历磨难的成年人，虽然有时难过绝望到认为死才是最好的解脱，不过对于亲人离世这种悲伤，实在难以坦然面对。

米佳的妈妈因病突然去世，现在已经有一个多月了，但是她和爸爸始终不能接受现实，每天都陷在痛苦和自责之中。白天晚上，她脑子里不停出现妈妈生前的样子，睡觉也总是梦到妈妈。现在她对生活和今后的日子失去了兴趣，感觉干什么都没有动力。原来喜欢的东西现在也不喜欢了，感觉每天都过得十分漫长。

父母如同家里的山一般，母亲突然离世，让留下的父亲和孩子没有任何心理准备，仿佛这一切都不是真的，都没有发生过的。他们多么希望看到母亲能够推门进来，就像之前一家人团圆的样子。他们心里对母亲的思念是如此强烈，只要一闭上眼母亲的样子就会浮现在脑海里。这就是一种亲人离世后的应激反应。

在亲人离世后，人通常会经历一个悲伤期，丧葬仪式的现实意义就是陪伴亲人走完生命的最后一段路程，其内在意义是让人在心中知道亲人已经故去了，所以，在这一段时期，人们会充分表达所有的思念和痛苦，让自己在现实中与死者分离解脱。然而，丧葬仪式结束后，内在的分离通常需要经历更长的时间，从3个月到数年甚至更长的时间，这段时期内，丧亲之人会产生一系列应激反应，如对生活失去兴趣、做事没有动力、对以前喜欢的事情不喜欢、每天度日如年，这是一段十分艰难的时期。

小露比同龄人更早地接触到死亡，在她很小的时候，母亲就去世了，后来爷爷奶奶也相继去世。现在，父亲突然病情加重，小露很担忧，害怕失去在这个世界上唯一的亲人，失去整个生命的支柱。尽管她身边有老公陪伴，但依然没办法接受父亲即将离世的事实。

如果父亲真的走了，家里也空了，房子也空了，自己也就孤身一人了。父亲一直不愿意小露嫁得太远，但小露最后还是远嫁了，她现在想，是不是父亲怨自己走得太远，所以生病了。如果没有父亲，自己的生活也就失去了意义，这个家也不再是家了。

小露绝望了，不想面对，总想逃避，为什么自己的人生要不断面对、不断背负？为什么自己不能好好地生活，难道这真的是宿命吗？

周国平曾说："一个人不论多大年龄，没了父母，他都成了孤儿。他走入这个世界的门户，他走出这个世界的屏障，都随之坍塌了。"对身边至亲的人，我们都渴望与他们永远在一起，渴望与他们同甘共苦。但是，如果亲人突然离世或即将离开，我们该怎么办？

1.接受亲人离世的现实

在亲人离世后，我们会出现一些应激反应。例如，悲哀、焦虑、孤独、无助、愧疚与自责；在生理上也会疲惫不堪、失眠、哭泣、食欲障碍；在认知上，则困惑、沉浸在对亲人的思念中。于是，许多人会出现回避和否认现实的防御机制，不回忆过去的经历，逃避引起回忆的情境，因为他们依然不愿意接受这个现实。事实上，接受现实，是我们能尽快走出痛苦的第一步，假如长时间沉浸在幻想中，会越来越多地剥离自己的现实感，使得自己难以适应今后的生活。

2.不必节哀，尽情释放悲伤

我们经常用“节哀顺变”这句话安慰别人，然而，面对亲人的离世，哀伤是十分正常的反应，是情感的自然流露。极力限制情感的表现是不恰当的。在这时你可以将所有的负面情绪都表现出来，悲伤是一种能量，如果郁积起来，反而会阻碍内心情感；而只有尽情宣泄，才能让这种能量流动。所以，不要限制痛苦的宣泄，坚强是下一个步骤。

3.别太过遗憾和自责

面对亲人离世，遗憾和自责是除了悲痛之外最常见的两种情绪反应。大多数的遗憾，往往是认为自己未尽孝而导致的，对于那些亲人意外死亡的人而言，更是难以释怀。然而，一切不能重来，处理好丧事，把葬礼安顿好，也是对已故亲人的孝敬和弥补遗憾。

许多人总会产生“如果我做了一些事情，可能他们就不会死去”的假设，他们开始觉得自己应该对亲人的离世负责。事实上，这样的自责是一种自恋，死亡并不是我们能左右的，我们所能做的是在亲人离世后带着亲人的祈盼走好自己的路。

4.将爱转移到别处

亲人已经离世，我们再也没有办法表达和给予他们自己的爱，再也没办法得到他们的爱。但别忘记，自己和身边的人同样需要爱，逝者已逝，但他们依然希望你得到爱也同样爱别人。

5.正常生活，活在当下

要走出亲人离世的伤痛，就要回归正常的生活，做一切事情的基础就是让生活回到原来的轨道。工作、吃饭、娱乐，在处理好丧事之后，按照原来的样子继续生活。清楚自己当下在做什么，专注做好当下的每一件事，把握每个可以尽情享受的时光，在这一刻感觉到自己健康自在。

不管我们所经历的是不是父母离世，但只要是最亲近的人离开，总是会感到珍贵的东西在坍塌。但是，我们总需要重建自己的生活，需要一些办法让自己走出伤痛，重新上路。

## 失独父母，顽强自救

弗兰西斯·培根曾说：“与死亡俱来的一切，往往比死亡更骇人：呻吟与痉挛，变色的面目，亲友的哭泣，丧服与葬仪……”在这个世界，有一群失独父母比谁都能体会到培根这字里行间的悲痛。他们年龄大多在50岁左右，在过去20年他们与寻常家庭一样，和自己唯一的子女快乐地生活。然而，就在他们幸福地为孩子忙碌时，一场意外却夺走了孩子年轻的生命。

对此，在人生后面的日子里，他们陷入常人无法理解的痛苦之中：由于年龄太大，他们无法再次生育；每到家庭团圆的节日，为免触景生情，他们总是躲亲避友；儿女的音容笑貌总是历历在目，使得他们眼中经常满含泪水。他们就是“失独父母”。

王先生和王太太是一对普通的中年夫妻，王先生上班挣钱，王太太做着水果生意，一家三口的生活虽不算富裕，却其乐融融。22岁的独生子高中毕业后，便跟着老乡到济南一家超市打工。没想到还不到半年，儿子就意外溺水身亡。痛失爱子成了王先生和王太太夫妇无法承受的痛。王太太总是喃喃自语：“他根本不会游泳，他怎么会下湖呢？”

独生子走了，王先生和王太太失去了全部的希望和活下去的勇气。面对整日以泪洗面的妻子，坚强的王先生强忍悲痛，想尽各种办法逗妻子开心。令人没想到的是，儿子去世半年后，王太太逐渐从丧子的阴影里走了出来，而作为家庭顶梁柱的王先生却倒下了。他经常狂躁地大发脾气，胡乱地摔东西。经过专业医生诊断，王先生患上了严重的精神分裂症。

王太太只能待在家中照顾“狂乱”的丈夫，根本无法外出工作赚钱养家。由于家庭经济困难，夫妻俩买不起房，一直靠租房生活。没过多久，王先生再次发病住进了医院，王太太不得不辞掉保洁的工作照顾丈夫。住院期间，王先生又发生意外——食物呛进肺部，生命垂危，被紧急送往市二院急救，命总算保住了，但十几天就花费了数万元医疗费，这对于一个低保家庭来说是笔沉重的经济负担。

王先生出院后，王太太又病倒了，精神变得恍惚，连吃没吃饭都不知道，嘴里不停地念叨着“儿子打工去了，我找儿子”。之后，王先生的大哥不得不带王太太到医院检查，她被诊断为精神异常。

在中国，失独父母是一个庞大的人群，每年新增失独家庭高达7.6万个。失独父母一方面承受失去子女的悲痛，一方面又面临着养老、医疗等难题。他们走不出中年丧子的哀痛，无处安放的暮年往往让他们陷入绝望的泥潭。有58%的失独父母觉得自己活着都没有意义了，有77%的失独父母觉得自己丧失了生命目标。

通常，失独父母会经历心理历程的五个阶段：第一，得知噩耗后的前3个月，这是最艰难的时刻，父母还处于震惊和极度痛苦之中，不愿意承认自己的孩子不在了；第二，在6个月之后，悲伤和空虚袭来，父母怀疑自己无法走出这种痛苦；第三，1年以后，父母在孩子忌日时又如同经历了一次丧子之痛；第四，3年过去了，父母已经接受了孩子的死亡，但仍有浓浓的孤独感和怀念之情；第五，5年过去了，他们依然会感觉到伤痛，而那些心理调适得当的父母已经可以在生活中继续前进了。

1.宣泄伤痛情绪

失去孩子后，父母承受着常人难以想象的巨大伤痛，会出现强烈的应激反应。这时候需要痛快地哭和无尽地倾诉，使内心极度膨胀的悲痛得以宣泄，以消除过量的心理负担，从而使心理趋于平静。当然，悲伤的泪水是心灵最好的消毒剂，可以对自己最亲近的人宣泄自己的泪水和悲痛；也可以寻求心理医生或自助团队，倾诉自己孩子过去的点点滴滴。

2.夫妻之间多交流

失去孩子，夫妻同时沉浸在悲痛之中，如果在家里相对无言，心里会更加难受。而对于一些父母而言，他们互相为对方考量，怕诉说会让对方心里难受，所以都静默无言。而回避只会令人更悲伤，夫妻是彼此最亲近的人，应该互相诉说，这是一种互相慰藉，互相疗伤，互相救助。如果失独父母积极协调夫妻关系，彼此多一份沟通，多一份关照，就能令双方都多一些慰藉，多一份安宁。

3.正视内心的状态

失去孩子，会悲伤、痛苦、难受等，这些都是正常的心理反应，但许多人会采取反抗的态度，似乎这样才能证明自己坚强。事实上，我们不应该否认这样的情绪，而应该积极接纳它，这种接纳会淡化内心体验，有利于自我心理调整。

4.别太自责

许多父母总是在失去孩子后自责，总觉得是自己对孩子照顾太少，如果自己那天跟孩子一起就不会发生这样的事情，如果带孩子早点去看医生就不会发生这样的事……其实，父母把儿女养育成人，就是最好的尽职尽责，就是好父母，就不应该受到责备。在自责和追悔的背后，是自我心态的执着，是自己执着的亲子之情，是心里放不下亲情。

对于失独父母来说，只要顽强自救，必能走出一条心灵的自救之路，必能让自己的心灵早日得救、早日走向阳光。一位失独母亲这样拯救自己："每天我对自己说，我要好好活着，为了父母，为了和我共患难的丈夫。"

## 走出失恋阴影，勇敢走向新生活

爱情本身是一种美，然而，有恋爱就有失恋。失恋这种痛苦的情感体验，会给人们造成不同程度的心理创伤，往往会使人处于强烈的焦虑、自卑、悲伤甚至绝望的消极情绪中，也会使一些人产生自暴自弃、对人不信任、猜忌、报复等不良心理障碍。从这个角度讲，失恋可以称为人生中最严重的心理挫折之一。然而，失恋也是个人成长的一部分，如果能正确对待，它就会成为生命中的一种蜕变和提升！因此，任何一个人，都必须以达观的心态面对爱情，要学会坦然面对爱情带来的悲欢离合，走出失恋的阴影，继续在美好的人生路上轻舞飞扬。

他是一名大学教师，已经三十好几的他。还没有找到对象，家里急了，他自己也急了。于是，在朋友的介绍下，他认识了在某事业单位的她。见面之初，他们都对彼此的谈吐很中意。很快，在所有的亲朋好友的祝福下，他们结婚了。

但当他们成为夫妻后，才发现彼此在很多问题上存在很大的分歧，于是，他们经常吵架，没有哪一天是安静的。最终，刚结婚半年的他们就决定离婚。但令周围朋友奇怪的是，离婚后的他们关系反倒好了，彼此间遇到什么麻烦事，对方总是出手相助。他开玩笑地和朋友说："可能是婚姻束缚了我们吧。"

的确，正和故事中的男女主人公一样，当爱情不存在的时候，如果我们还死死抓住，不肯放手，那么，只能伤人伤己；而适时放手，则是一种解脱。因此，分手，失恋，都不必太在意，因为昨天即使再美好，也必将成为过去，今生还有很长的路要走，更重要的是过好今天，把握明天；又不可能不在意，毕竟经历过，付出过，期待过，追求过，也曾经拥有过。

的确，能够放手的爱也是美丽的。不能拥有的爱，就放手吧！不能得到的爱，就放手吧。只要你曾经拥有、曾经幸福过，你的人生就是幸福的。

许多人会在恋爱中迷失了自己，找不到自我，甘心付出很多，结果却是一败涂地。例如电影《泰坦尼克号》中，如果杰克死后露丝也跟着沉到海底，那么就没有了那感人至深、赚了观众无数泪水的爱情故事了。爱情的意义不是让一个人为另一个人牺牲，而是两个人共同付出，彼此幸福。你最需要的是从童话中走出来。

我们都是平凡的红尘男女，挣不出爱恨纠缠的情网，逃不出爱与被爱的旋涡。面对失恋，我们肯定会痛苦，那么，失恋后，我们该怎样调节自己呢?

1.尽情发泄失恋后的不良情绪

不管是什么人，再怎么坚强，失恋后，也难免会产生焦虑、抑郁等不良的情绪。而那种想哭又不敢哭，甚至还要强颜欢笑，表面上看起来好像很“坚强”的伪装状态，其实对自己的伤害非常大。任何人都应该有哭的权利，尤其是在失恋之时。不能在众人面前哭的人，可以找个地方私下痛哭一番；不习惯大哭一场的人，也应让自己的眼泪尽量流出来。

2.正确认识失恋

恋爱与失恋都只是一种选择的结果，他没有选择你，并不是表明你一无是处，只是彼此不合适而已。

你从失恋中获得的是其他任何经历都不能给予的财富，在这个过程中，可能你会体会到一种难以遏制的痛苦、一种心灵的冲击，但正是因为这样，你更应该把它当成一笔人生的财富，它使你有了更多的人生体验，使你在失恋中变得更加成熟。

失恋是另一场爱情的开始。你要明白，失恋可能对于你来说是一次挫折，但也给了彼此另一次恋爱的机会。

3.学会坚强

失恋者在初期最常见的情绪反应就是丧失信心、自怨自艾、愤愤不平，觉得无脸见人，或自甘堕落、逃避现实。报复之法不可取，而自己灰心丧志，每日以泪洗面，误了正事，状似可怜，其实这都是不好的情绪反应。因为这些举动最多只能使对方更加得意忘形，对自己没有丝毫的利益。

4.回归正常生活

处理失恋后的愤愤不平，最好的方法是好好过日子，自立自强，活得比以前更好，努力使日后的学业、事业更加进步、发达，将来娶（嫁）一个比原来更好的对象。

一般来说，失恋后3个月左右都能自我调适得当，但是若3个月到6个月后还无法自我调适得当，那么就需要向专业的心理咨询师进行情感心理咨询。

失恋是一种特殊的情绪体验，如果说失恋是什么感觉，那么谁也说不出来。失恋引起的主要情绪反应是痛苦与烦恼，为此，我们有必要学习在失恋后进行心理调节，只有这样，我们才能正确对待和处理这种恋爱受挫现象，愉快地走向新生活。

## 离婚女人，你的幸福在未来

婚姻是一次夫妻双方结伴而行的远程跋涉，几十年的婚姻路，路漫漫其修远兮，难免有夫妻产生矛盾，感情破裂，最终选择离婚。尽管离婚是一种无可奈何，但双方及子女都会付出沉重的代价。

导致夫妻感情破裂的心理因素是什么呢？从心理学角度看，离婚是夫妻心理期望错位的必然。期望是一种心理活动，是对未来发展的主观设计与估计，准备结婚的男女心理上都会有相当的期望，而在婚后或长或短的日子里，生活现实与心理期望无法合拍，心理上就会产生厌倦、失望情绪，丧失信心，从而导致离婚。

雯雯由于丈夫有了外遇，后来跟丈夫离婚了。

她带着3岁的女儿回到了娘家。回家后父母都不愿意提及她的伤心事，希望通过给她介绍新的男友让她尽快走出来；但是她觉得没有必要，不但不去相亲，连好朋友也不想来往了，她感觉自己是个被抛弃的人。想当初她在众多的追求者中选择了丈夫，因为他踏实可靠，原以为可以相伴一生，结果发现那是个谎言，这也彻底击毁了她的自信心。她常常陷入无法排遣的孤独感和自卑感中，甚至想一死了之，可看到女儿无辜、纯洁的眼睛，雯雯又不忍心扔下她。

离婚给夫妻双方特别是女性所带来的精神创伤是难以想象的，其给女性带来的主要心理创伤是失落、孤独、自卑，这一系列情绪痛苦会严重损坏人的身心健康。对女性朋友而言，离婚后对心理的调整，需要在心理调适上下功夫，相信自己、了解自己，主动给自己制订目标和计划，这样才能尽快从离婚的阴影中走出来，完成心理过渡。

一位离了婚的女人深有感慨地说：你知道吗，有个名义上的丈夫，别人就不敢欺负你，你一离婚，在所有人的眼里，你就成了一个不检点的女人。正派人远离你，别有用心的人上门纠缠你。你还不明白离婚对女人意味着什么，意味着再也不能像过去那样做一个正常人，随心所欲地活着，必须夹着尾巴，必须穿朴素的衣服，只要你不想成为舆论的中心，只要你不想被人看作无可救药的堕落女人……

离婚的女人对前途和人生都充满悲观，甚至认为世上没有一个好男人，到处充满了欺骗、充满了虚伪，对此，离婚女人的心理自我调节非常重要。离婚的女人，不管在自己看来还是在外人看来，都好像是悲惨的代名词。某某女士离婚了，身边的人都在感叹她的命运，操心她今后的路该如何走。一个离婚的女人，带着孩子，又没有工作，仿佛是一株断根的绿萝，失去了可以依靠的大树，只能在风雨中飘零。

难道离婚的女人真的掉价吗？事实并非如此。许多女性朋友之所以会这样想，主要是因为自己把所有的东西想得太悲观：首先是强烈的挫败感，她们害怕成为异类或被同情的弱者；其次是对孤独的恐惧；最后是害怕再一次走入一段婚姻，这时她们对自己是否能得到幸福产生了怀疑。对此，心理专家建议：离婚并不是人生的尽头，痛苦只是一时的，伤口是需要时间来愈合的。一些研究显示，离婚人士有6个月的哀悼期，而真正走入新的生活大概需要两年。

1.自强自立

女性朋友首先要自强自立，千万别认为离了婚就很失败，让自己掉了身价，从此自己比别人矮了半截。要看重自己，尽管离婚，但是自尊心不能失去，要相信自己，防止自卑自弃，努力争取经济上独立自主，并想方设法通过工作、学习等活动发扬自己的长处，把自己的优点表现出来，实现自我价值。

2.适时倾诉

只要你不把自己封闭起来，坦率地把你的感受和今后的生活计划向父母、亲友们说出来，他们会理解你、支持你的。过多地念叨过去只会让你变成“祥林嫂”，让你的朋友想帮助你也无从下手，只好躲着你。

3.换个环境

环境对人的情绪影响是十分大的，过去的事物往往会勾起当事人许多伤心的往事，所以，不妨换一个环境，出去走走，这对调整心情大有好处。外面的世界很广阔，它会让人忘记烦恼，回来后，更加专心勤奋地投入工作。

4.切忌盲目陷入下一段感情

在心理未恢复平衡之前，离婚女士对爱有强烈的渴望，但是她们付出爱的能力有限，当她们为别人做喜欢的事情讨好对方时，背后往往有更大的要求——希望别人替代失去的另一半照顾自己，替自己解决所有的问题并满足自己的各种心理需求。所以离婚女士不要盲目去相亲，这样不容易看清楚对方的面目，容易遇人不淑。

5.离婚后处理好双方的关系

离婚夫妻中的一方总是心理不平衡，搞得另一方身败名裂才解心头之恨，这是不足取的。这不管是对自己还是对对方都没有好处，而且这种行为是极不文明的，有的甚至是违法的。既然夫妻已没有感情可言，走不到最后，那就友好地分手，道一声再见。

6.积极预备再婚

女性朋友选择再婚时，要吸取以前的教训，多注重对方的人品。同时，要把更多的精力投入工作中。再婚不要急于求成，恋爱时，更要理智，稍有不甚则会酿成更大的苦果。因为第二次离婚将会比第一次离婚面临更多、更大的非议和社会压力。

人在决定离婚之前，已有一段漫长的、痛苦的、艰难的思索过程，离婚后的女人更容易出现心理问题。离婚后的女人或许会对生活感到失望，经历一段漫长的痛苦时期。但是，离婚的女人一样可以调整自己，重新寻找自己的幸福。

# 第 12 章

# 消除社交恐惧，学会用好情绪助力你的交际

好情绪是可以互相感染的，因为好情绪总是传递着积极快乐的正能量。在日常社交过程中，我们要善用好情绪去感染他人，赢得他人的好感，从而赢得交际的成功。良好的情绪显现，会让你慢慢消除社交恐惧，变身社交达人。

## 面带微笑，把快乐传递给对方

社交生活中，能否成功地给他人留下良好的第一印象至关重要，在他人的第一印象中，衣着打扮固然很重要，但最重要的是精神状态。所以，当踏入一个陌生的场合时，如果能让大家感受到你的真诚与快乐，那么，你留给大家的第一印象就会非常好，因为积极的情绪往往会感染人。

在日本，人们有这样一个生活规律：上午的时候，家庭主妇们会忙于打扫、洗衣服、煮饭，她们此时是不喜欢受到任何人打扰的。忙完这些以后，已经是下午4点钟了，此时，她们的孩子会睡觉，她们也有时间休息一下。

大吉保险公司的川木先生是个体贴的销售员，只要看到某户人家晒着尿布，就知道孩子刚睡，他就不会轻易按门铃，只是轻轻敲门，以示访问之意。主妇开门后，他会用最小的声音向一脸狐疑的主妇说："宝宝正在睡觉吧？我是大吉保险公司的川木，请多指教。4点多的时候，我会再来拜访一次。"

相信任何母亲都会对这样一位细心的销售员充满好感，即便不邀请他进屋坐坐，也会面带笑容听他把话说完。

的确，人际交往中，谁都拒绝不了他人的真心，这是因为真诚是这个世界上最美好的情感。当然，与人交往，除了要以诚相待，还要保持快乐的情绪，这是因为快乐可以使悲观的人变得积极向上、豁达乐观，可以使懒惰的人变得勤奋、有朝气；快乐还能传递，可以感染别人、影响别人，甚至激励别人。

具体说来，我们该如何在交际中运用这两种积极的情绪呢？

1.先让你自己变得快乐起来

建议你运用这样一个心理暗示，每天都对自己说："我要变得快乐！"并让这个自我激励深入到潜意识中。当你在奋斗过程中精神不振的时候，潜意识就会引导你采取热情的行动，变消极为积极，激发奋斗的活力。

2.让你的微笑活泼一点

每个人自打来到这个世界之初就会微笑，但随着年龄的增长，周遭事物变得复杂，我们似乎忘了自己的这个本能，我们总是给自己找一些借口：职场人士说自己每天需要应付很多工作，领导者们总说自己为企业的事操碎了心……尤其在陌生的环境里，微笑最容易被我们忽略。

如果你的微笑可以活泼一点，更能表现你的真诚与快乐。无论是简单的一句"谢谢"还是"对不起"，你都要言必由衷。一旦你的言辞能自然而然地带着真诚的情感，你就拥有引人注意的能力了。

3.真心关心他人

用情感打动他人，还需要我们懂得从对方心理的角度，说出最让对方感动的话。例如，在对方最无助的时候及时出现并说出安慰的话、关心对方最关心的人、多考虑对方的利益等，让对方真正感受到我们送去的温暖，对方自然愿意对我们敞开心扉。

人际交往中，我们需要随时保持积极的情绪，真诚能帮助我们亲近他人，快乐能帮助我们感染他人，这两种情绪可以使不认识的人对我们微笑，可以融化他人的疑虑、冷漠、拒绝，换取他人对我们的信任和好感。

## 主动交往，悉心维护友情

人与人之间的感情很微妙，再好的朋友，三天不联系，关系也会冷淡下来；而如果和那些我们不想与之深交的人“朝夕相处”，我们便会渐渐从心理上接受他。可见，友谊需要我们悉心地维护。在人际关系的维护中，我们必须有一份从容的好情绪，毕竟人与人是不同的，我们不可能让每个人在刚开始就接受我们；交往过程中，也会因各种原因而产生隔阂、误会等。只有拥有好情绪，才能让我们以宽广的心胸去包容、以理智的思维去解决。

马克是一家大型汽车公司的职员，由于工作出色，不到2年的时间，他一路高升，坐到了经理的位子。而几位当初和他一起进公司的员工，现在也算是元老级的，可是限于能力和机会，仍保持着多年前的状况。因此，在与大家相处时，马克总觉得不太自然，甚至有些战战兢兢。

刚开始，为了避免老同事们指责他过于高傲，更为了表现自己的诚意，他三番五次地请这几位老同事吃饭，而且说话比过去更加小心、客气，但这似乎并没有帮助他消除误会，反而让这些人背后嚼舌根子，认为马克肯定是借请客吃饭爬到了今天的位子。马克最终落了个“赔了夫人又折兵”。

马克静下心来想清楚后，决定不让自己再受那些心理包袱的折磨，轻装上阵，由此，他又焕发出往日的大将风采。公事上，马克不再逢迎那些老同事，谨记“大公无私”的原则，对于他们，若是自己的直接下属，就采取冷静的态度，奖惩分明，说一不二，绝不再抱“大家都共事这么多年了，算了吧”的想法。只要态度诚恳，就不怕对方误解生气。私底下，他仍然与他们保持一定距离，投契的就当作朋友一般看待；不合拍的，也不再刻意去改善关系。若不是自己的直接下属，公事上很少相交，那就更简单了，平日见面，也就直接“友善”一下。

马克的经历告诉我们，与人为善是改善人际关系的一个主要原则，尤其是对与自己合不来的人。但我们更应该做到从容面对，不丧失自己的原则，这才是立世之本。

那么，怎样才能做到从容面对？

1.主动交往，关心对方

人们参与交际的一个潜在动力是寻求呵护，因此，与人交往的过程中，如果你能主动关心他人、帮助他人，让对方的心理需要得到满足，对方一定会感到莫大的呵护感，因而更加信赖你，未来交际的可信度与有效度也会明显提高，对方与你交往的渴望程度也会大大增加。

2.弱化和朋友间的竞争

人与人之间尤其是朋友间，最大的致命伤就是激烈的竞争，包括嫉妒。竞争，尤其是恶性竞争，着实会让人感到杀机四伏，也会让友谊产生裂痕。因此，不妨主动向对方表明心迹，这样对方也会以诚相待，愿意与你接触，和你发展友谊。这是优化交际环境、提高交际质量的根本策略。

3.注意交往适度

与朋友接触，的确可以加深感情，但要注意度，即使再亲密的朋友，也需要有个人空间。如果你为了联络感情而占用对方的私人空间，恐怕就会事与愿违了。

我们要想保持友谊，就需要持续地接触；维护人际关系，需要我们不骄不躁、从容应对。只有这样，才能攻破对方最后的心理防线，成为其真正意义上的朋友。

## 热情洋溢，多关心他人

良好印象的形成中，热情是第一个被对方感知到的品质，这也是人际交往中的心理规则。因为人们总是有这样的感觉，那些热情的人肯定有其他一些良好的品质，如有爱心、乐于助人、对生活保持乐观态度、容易接近等，这些都是人们在交往中希望看到的。例如，工作中，当一个人感到周围某个同事对他十分关心时，心中就会有一种温暖、安全的感觉，会充满自信和快乐。“投我以木瓜，报之以琼琚。”自己既然受到了别人的关心，就要同样关心别人，这样相互之间就容易形成一种友好、亲密的关系。

陈伟是一家大公司的小主管，负责采购的一些小事宜。有一次，公司采购部的车出了问题，而刚好总经理专用车司机刘师傅的轿车停在附近，出于方便，刘师傅准备载陈伟一程，于是陈伟第一次坐上了刘师傅开的轿车。当时正值交通高峰期，路上十分拥挤，而陈伟还赶时间，刘师傅也着急得不得了。这时，陈伟开口安慰刘师傅道：“刘师傅，这么多年，你每天都要在这样的交通状况下负责总经理的出行，真是很辛苦啊！”想不到这句真诚的关心之语使刘师傅非常高兴。因为他已经做总经理的司机10年了，10年来，连总经理都没跟他说过一句“辛苦了”。后来，刘师傅对当时的情景念念不忘，在私下里经常主动帮陈伟的忙。再后来，陈伟升到采购部经理，刘师傅还时常夸奖陈伟，说他体恤下属、慧眼识英才等。

故事中的陈伟之所以会与刘师傅结下良好的友谊，就在于其简单的一句关心：“辛苦了。”有时候，简单的几个字就是最好的关心。当然，我们要想拥有好人缘，就要真心关怀身边的人，真正做到发自内心地体会别人的感受，久而久之，对方一定会被我们打动。

具体来说，需要我们做到：

1.主动与同事交往

人际关系是在“互动”中发生联系和变化的。人际关系要密切，彼此的交往是前提。交往水平越高，人际关系就越容易密切，反之亦然。

2.多关心对方，哪怕再小的事

要知道，认同感的产生，表明你赢得了对方的好感。通常情况下，如果将这种好感搁浅，你们会返回陌生人的状态，因此，你不妨多关心对方，长此以往这种关系自然会深化。

例如，你可以经常赞美对方的变化，从小处赞美，哪怕是个小小的饰品，稍有变化地赞美几句，也会让对方感觉很愉快；记住对方曾经说过的话，然后向对方表示“您曾说过……”也是相当好的一种赞美方法；另外，记住对方的爱好，并时常表示一下，也会让其欣喜万分。

生活中常会有意外发生，如果同事突然碰到不测之事，要及时地、真心地安慰他们，对他们多些探望，多些陪伴，多些帮助。

与人交往，我们应保持热情，真诚地关心他人，当他人有求于己时，只要是正当的，就要尽己所能，满足对方的要求；当看到别人有困难时，要主动去帮助、关心。

## 真诚相待，多结交各种朋友

每个人都需要朋友，然而，很多人对结交朋友有一种失衡的心理，他们害怕因交友不慎给自己带来麻烦，对他人采取防备的心理，甚至拒绝与他人做朋友，其实，这是因噎废食。人生路上，如果没有朋友相伴，我们势必孤单、难走。人与人之间的关系，一般会经历相遇、相识、相知这三个过程，即使是陌生人，只要真诚相待，也会成为你的下一个朋友。

小菲28岁了，已经工作了6年，到这个年纪还没有男朋友。小菲其实是很优秀的女孩子，22岁那年，她毕业于北京的某个名牌大学。虽然学习成绩顶尖，英语达到专业八级的水平，但她似乎不喜欢与人接触，害怕交际。上大学的时候，就有意避开各种公共场合，不愿和同学一起参加社会活动和聚会，所以，小菲几乎没有什么朋友。毕业后，小菲以优异的笔试成绩被一家公司录用。

在单位，容貌美丽的小菲很快引起了同事们的注意，许多人邀请她参加各种聚会，可是都被她拒绝了。小菲自己也奇怪，不明白为什么她对聚会有种偏见，认为那些善于参加聚会的女人都是“交际花”，太张扬，她不想成为那样的人。而且，因为从来不参加聚会活动，她非常恐惧那些社交场合，不知道怎么说话，不知道该和谁说话。

就这样，小菲逐渐脱离了同事们的视线，毕竟，没有人愿意与一个冷美人交往。在公司里，她越来越孤立，朋友越来越少，每天都只是往返于家和公司两点一线。面对这种情形，小菲真的开始担心了……

其实，小菲之所以出现现在的状况，是因为她对社交有恐惧心理，一方面是因为她对参加社交活动有偏见，另一方面则是因为她不愿意接受这种“锻炼”。越不参加聚会，就越不敢参加；越不敢参加，就越不参加……于是，一个恶性循环束缚住了小菲的社交脚步。

生活中，人一旦有了先入为主的观念就很难改变。人与人之间之所以会有成见，很多时候就是因为双方都不肯跨出第一步。如果不肯跨出社交的第一步，不肯主动接纳别人，就会导致朋友的流失。其实，偏见的产生是由于你的主观臆测，在抱着偏见与某人相处时，你很难发现他的“庐山真面目”。

因此，在与人交往的时候，没必要处处设防。有些年轻人谨遵长辈们的教诲：害人之心不可有，防人之心不可无。无意中，他们放大了后半句，因此产生了不信任的心理。这种不信任是人际交往的大敌，影响着我们对好坏的判断，也会让我们拒人于千里之外。

要记住：你怎样对待别人，别人就会怎样对待你；接纳对方，才能被对方接纳。所有的一切都由你的态度决定！

与人交往，不要摆出一副冷冰冰的态度和架势，这只会让那些原本愿意与你结交的人望而却步。只有积极、热情、真诚，才能融化人与人之间的冰山。

## 经营好你的人脉

卡耐基曾说过这样一句话：专业知识在一个人成功中的作用只占15%，而其余的85%则取决于人际关系。你只有处理好了人际关系，才会拥有丰厚的人脉资源。曾任美国总统的西奥多·罗斯福说过：“成功的第一要素是懂得如何搞好人际关系。”确实如此，在美国曾有人向2000多位雇主做过这样一个问卷调查："请查阅贵公司最近解雇的三名员工的资料，然后回答，解雇的理由是什么。"结果是不管什么地区、无论什么行业的雇主，超过2/3的答复都是："他们因为不会与别人相处而被解雇。"许多成功的商界人士都深深意识到人脉资源对自己事业成功的重要性，曾任美国某大铁路公司总裁的A·H.史密斯说："铁路的95%是人，5%是铁。"所以，不管你从事什么职业，学会处理人际关系，无异于在成功路上走了85%的路程。

卡洛琳拥有非常特别的嗓音，备受导演青睐，她已经参演过上百部好莱坞影片。当有人询问卡洛琳是如何成功的，她却说："你知道吗？在年轻时我跟大多数漂泊的人一样，过着穷困潦倒的日子。"

卡洛琳出生在得克萨斯州的一个农场主家庭，尽管农场的收入并不高，但能够维持一家人的生活，所以她的童年生活还是很快乐的。但是，由于父亲管理不善，农场连年亏损。在卡洛琳18岁那年，沉重的债务使得父亲支撑不下去了，他变卖了房屋和农场，带着一家人去乡下生活。但是卡洛琳并没有跟随父亲，而是独自一人来纽约打拼。

刚到纽约的时候，她身上只有300美元。幸运的是，不久卡洛琳就在一家餐馆找到一份服务员的工作。餐馆的工作十分辛苦，而且工资低得可怜。为了省出生活费，她只好节衣缩食，艰难度日。虽然生活比较艰苦，但她一直保持乐观向上的心态。平日里，卡洛琳非常喜欢交朋友，经常与客人攀谈聊天，由于她天性比较热情，很快与那些客人熟了起来，并成了朋友。这些可爱的朋友总会因为卡洛琳再次光临，所以餐馆的老板也非常喜欢卡洛琳，觉得她是一个幸运的女孩。

后来，在朋友们的帮助下，她开始更换工作，而且每次更换的工作都比之前的好得多。渐渐地，卡洛琳的生活情况也有了改善，不再为一日三餐发愁了。不管到什么地方工作，她总会在短时间内与同事们打成一片，与他们成为朋友。所以，她认识的人越来越多，什么行业、什么部门的都有。

一次偶然的机会，卡洛琳为了帮助朋友到剧组帮忙，在这里她遇到了一个改变她一生命运的女人——好莱坞著名制片人夏洛特女士。当时卡洛琳并不知道眼前这位中年女人的身份，她只是喜欢交朋友，她只是喜欢用自己阳光、积极、乐观的心去感染身边的每一个人。

通过一次畅谈之后，夏洛特女士觉得卡洛琳的气质符合自己正在筹备的电影中的一个角色，于是邀请她参与演出。就这样，卡洛琳在夏洛特女士的帮助下打开了好莱坞的大门，从此改变了自己的人生。

我们丝毫不用怀疑卡洛琳是一颗璀璨的宝石，但如果没有这位慧眼识珠的夏洛特女士，也许她只会被埋没在碎石堆中。通过卡洛琳的故事，我们不难看出，她的一生如果没有许许多多朋友的帮助，很难取得今日的成绩，也许她一辈子只能在餐馆当一个默默无闻的服务员。

1.己所不欲，勿施于人

如果你想建立良好的人际关系，黄金法则就是你希望别人如何对待你，你就如何对待别人。即如果你想获得友善的待遇，那你就应该友善地对待别人。这就是己所不欲，勿施于人。

2.保持密切的联系

对身边的朋友而言，需要平时经常联系，电话、信息、留言等都是联系的好途径。特别是逢年过节时，除了发个信息表示祝福，也可以准备一份小礼物，不要总是在需要别人帮助时才想起人家，这样显得非常功利。

3.保持礼尚往来的习惯

假如对方给予你帮助，或者赠送小礼物，那你也需要把对方的好铭记在心里，并且在别人需要你帮助的时候及时给予帮助，这才能巩固你们之间的关系。如果单单是接受别人的帮助而不付出，那帮助你的人会越来越少。

4.人脉需要长期投资

实际上，并不是跟某人吃过一顿饭或是交换过名片就表示跟对方很熟悉，而是当你处于困境时，他愿意出手相助；当你需要被肯定时，他愿意为你美言几句。所以，良好的人脉是需要精心呵护的，是需要进行长期投资的，这样你才会获得丰厚的回报。

从现在开始，就把你的人脉投资纳入到自己的长期职业、事业规划之中，为自己编织出稳固、长期的人脉资源关系网，不断地积累自己的人脉存折，使之变成你人生中一笔可观的财富吧。

# 第 13 章

# 拥抱好情绪，快乐是可以选择的

著名心理学家班夏哈说：“在看待自己的生命时，可以把负面情绪当作支出，把正面情绪当作收入，当正面情绪多于负面情绪时，我们的幸福感就能增长盈利。”生活中，我们要善于拥抱好情绪，因为快乐是可以选择的。

## 生命予你苦痛，你还以快乐

红尘滚滚，荆棘丛生，人生的道路曲折而漫长。苦难是生命的常态，烦恼与痛苦相伴，应运而来的是种种困惑。如何面对人生的困惑？毛主席赠柳亚子诗曰：“牢骚太盛防断肠，风物长宜放眼量。”意思是说，对待困惑，眼睛要看得远，心要想得开，做到不疑不愁不怒，豁达乐观，保持一份好心情，这样才能烟消云散，天高地阔，你才能驾驭生活。

乐观就是一粒种子，这粒种子最终能结出很多美好的品德之花；它更像一个好朋友，始终对你仁慈，愿意陪你走过人生的风雨征程；它更像尽职尽责的护士呵护着你的耐心，像母亲一样哺育着你的睿智……它是道德和精神最好的滋补剂。马歇尔·霍尔医生曾对自己的病人说：“乐观的态度，是你最好的药。”所罗门也曾说：“乐观的心态，就是最强劲的兴奋剂。”

然而，现代社会，很多人感叹自己活得累，没有快乐可言。其实，人生在世，谁都会遇到烦恼，人们的生活状态之所以不同，是因为每个人的心态不同，痛苦或快乐，取决于你的内心。面对痛苦，你若不成为强者，就会成为弱者。再重的担子，笑着也是挑，哭着也是挑。再不顺的生活，微笑着撑过去了，就是胜利。

生活的快乐与否，完全取决于个人对人、事、物的看法。你的态度决定了你一生的高度。你认为自己贫穷，并且无可救药，那么你的一生将会在穷困潦倒中度过；你认为贫穷的生活状态可以改变，你就会变得积极、主动，你就会摆脱贫穷，心态决定人生，也就是这个道理。

总之， 面对人生的烦恼与挫折，最重要的是摆正自己的心态，积极面对一切。再苦再累，也要保持微笑。笑一笑，你的人生会更美好。

生活对于每个人都是公平的，不会有人始终一帆风顺，也不会有人整日霉运缠身。每个人的人生，都是一处包罗万象的风景，有坎坷也会有大川，有高山也会有低谷。面对困难，要绽开你的笑颜，因为能够保持良好心态的人，才能够成为自己人生的主人。

## 宽容，让我们更快乐

与人打交道的过程中，我们发现，那些做事太过认真、爱较真，或者说死心眼的人，在人际交往中总是吃不开，也很难拥有好心情；相反，那些为人豁达宽容的人则凡事看得淡然，即使遇到别人的打击与伤害，也能做到一笑而过，他们的胸怀是宽广的，这更是一种淡定、成熟、冷静、理智，因此，他们不会因为这些小事而影响自己的情绪。由此，我们发现，宽容之心实是一剂人生“良药”。小则能使自己免受伤害，大则能助自己飞黄腾达。

因此，让我们善待身边的每个人吧，深切地理解每个人，相信自己，也相信别人，严于律己，宽以待人，胸怀祖国，放眼世界。这样，我们一定能保持良好的心态和情绪。说到底，决定人心态的是人的理想、人生观、世界观。一个人若具有远大的目标，正确的人生观，胸怀宽广，执着进取，挑战自我，不屈命运，坚信自己，积极思想，那么，他一定能保持良好的心态，拥有美好的人生。

狭隘的心胸并不会使我们的人生道路变得平坦，相反，它会在我们的人生道路上种满荆棘，令我们举步维艰，动辄受到伤害。当我们敞开胸怀，我们并不会受到更多的伤害，相反，我们会得到更多的拥抱。凡事后退一步，忍让一步，我们便会看见更多更美的风景。

## 懒惰的人，通常脾气不太好

细心的人会发现，大多数坏脾气、坏情绪的人，往往都非常懒惰。这是为什么呢？因为他们太闲了，无所事事，所以才会空余出很多的时间和精力，用来琢磨如何发脾气。但是等到他们发泄一通之后，任何难题都没有得到有效解决，他们不但错过了解决问题的最佳时机，因为坏情绪和坏脾气，还导致自身被愤怒冲昏头脑，完全失去理智。此外，这也意味着坏脾气的人动手能力很弱，在肆无忌惮发脾气的时候，根本没有机会弥补失误。所以，对于坏脾气的人而言，越是遇到难题，就越是会陷入恶性循环之中。

与他们恰恰相反，好情绪的人都是做事干脆利索的人。他们忙忙碌碌，每天都过得非常充实，所以根本无暇想些乱七八糟的事情。经过白天的劳累，晚上睡觉也会非常香甜，更没有时间想些钩心斗角的事情，因此他们活得简单纯粹，充实有意义。由此可见，有很多人误以为懒惰的人都是好脾气，是错误的。懒惰的人既想享受无拘无束的生活，又想让身边的人无条件地为他们服务，这样一来，他们必然容易情绪波动，因为现实根本无法令他们完全满意。

麦子在家里年龄最小，因此深得爸爸妈妈和哥哥姐姐的宠爱。每到农忙时节，全家人都下地干活，麦子却悠闲自得地留在家里，还要姐姐专门回家做饭给她吃。有的时候，如果爸爸妈妈交代麦子做什么事情，麦子没有完成，反而会倒打一耙，在爸爸妈妈还没有责备她的时候，先责备爸爸妈妈。渐渐地，麦子的脾气越来越差，也变得越来越懒惰，稍有不如意就会大发脾气。

高中毕业后，麦子去遥远的大城市读大学。一下子脱离爸爸妈妈的翼护，麦子根本无所适从。整个宿舍都干净清洁，只有麦子的床铺始终都是乱糟糟的，衣柜里也一团糟糕。麦子很少洗衣服，因而间隔很长时间才会换洗。有段时间，麦子除了上课，整天蒙头大睡，简直成为懒人代表。有一次，同宿舍的一个同学简单说了她几句，她就大发脾气。在同学们的强烈建议下，寝室长终于忍耐不住，好心好意提醒麦子："麦子，宿舍就是咱们的家，每个人都要为维护宿舍的干净清洁努力。你能不能抽空收拾下你的床铺和衣柜呢，看着干净清爽的生活环境，你的心情也会变好的。"在寝室长苦口婆心的劝说和帮助下，麦子终于把床铺收拾好，把衣柜也收拾得整整齐齐。看着焕然一新的床铺和衣柜，她惊喜地对寝室长说："寝室长，原来你说得是对的呀，我的心情真的变好了，而且夜里睡得很香呢！"

假如继续懒惰下去，麦子只怕除了发脾气任何事情都做不好。幸好寝室长耐心地劝说和引导她，还不辞辛劳地帮助她，最终才让她意识到干净整洁的寝室环境，能够给每个人都带来良好的生活环境和氛围。

朋友们，你们在生活中是否有懒惰的毛病呢？其实，很多细心的朋友都会发现，在心情烦躁或者感到脑海中如同一团乱麻时，假如能够认真收拾自己的卧室，或者是整理自己的办公桌、衣柜等，就能够整理好自己的思绪，让自己神智清明。此外，生活与工作的环境好了，我们的心情也会变得秩序井然。因此，我们理应变得勤快起来，让自己的周围和内心都变得井井有条。

# 每天请给自己一个微笑

你是否曾经每天都愁眉苦脸，看起来就像是个受气的小媳妇，让看到你的人也突然间心绪失落，变得笑不出来？你是否曾经觉得自己的心情低沉得就像夏日里雷雨降临前厚厚的乌云低垂在天边，仿佛能拧出水来？你是否曾经不管遇到多么高兴的事情，都以一声叹息作为总结，因为你不知道那些事情是否真的值得高兴？如果你曾经有如上感觉，那就说明你是一个郁郁寡欢、焦虑不安的人。因为缺乏安全感，因为对未来没有把握，你从不敢放肆地笑，更不敢充满底气地说话、承诺，放出豪言壮语。如何才能改变这样的状况呢？不管你正值少年，还是垂垂老者，你每一天都应该有明媚的心情。唯有如此，我们才不辜负生命的可贵，才能尽享生命的馈赠。

当你心情低落的时候，如果你能强迫自己笑一笑，哪怕是伪装着笑一笑，你的心情也会宛若被施展了魔法般，真的好起来。虽然不是心情大好，但是至少能够让你不那么压抑阴郁了。尽管有人说形式是没有作用的，但是，在这里看来，形式还是有作用的，当形式累积到一定的量就能引起质变，让你的心情真的在暗示的作用下变得好起来。从此，你的天空将充满阳光，乌云不再。

静静从小就是个自卑的女孩。因为她有一个酗酒的父亲，总是喝得醉醺醺的，不是打妈妈，就是骂她，这让静静觉得自己怎么也不如别人。因而，她虽然从小学开始学习成绩就在班级里名列前茅，但是她从未有过真正的自信和快乐。

这样的情绪，跟随静静直到大学毕业开始工作。因为大学毕业生越来越多，静静没有找到与专业对口的工作，而是从事二手房销售工作。这个行业无疑需要乐观开朗、积极自信的性格，还需要有好口才。这几条，静静一条都不占，但是她缺钱。无疑，和很多安逸舒适的工作相比，销售工作能帮助她在短时间内挣到更多的钱，积累资金。为此，静静硬着头皮开始工作。刚开始的时候，不管是同事还是买房的客户，都觉得静静太忧郁了。然而，静静这十几年都是这么过来的，所以她一时之间也不知道如何改变。一个偶然的机会，静静读到一篇文章，上面说要提醒自己保持微笑，要提醒自己变得自信，要提醒自己你是最棒的。因而，静静按照书上的方法，在租住的小屋的每一个角落都贴满了提示语。例如，她在镜子上贴上："微笑度过每一天。"果然，在看到这句话的时候，原本从起床开始就眉头紧锁的静静情不自禁地笑了一下。看着镜子中微笑的自己，她莫名其妙地心情好转，居然觉得室外阳光明媚。再如，她在漱口杯上贴着："你是最棒的！"果然，她虽然很怀疑这句话的真实性，但是的确腰杆挺得更直了一些。她还在门上、床头上贴满了形形色色的提示语，诸如"你的微笑最美丽""你是最优秀的女孩""笑一笑，十年少""你的笑容有征服人心的魔力"等。每当看到这些提示语，她都会情不自禁地微笑，并在心中默念那些自我鼓励的话。静静非常认真地照着书本的指示去做，一个月之后，奇迹出现了。她渐渐变得爱说爱笑，也充满自信，不再是那个内向害羞的女孩了。就这样，在大家，包括她自己在内都觉得自己不适合这份工作的情况下，她居然把工作做得风生水起。如今的静静，每天都抓住机会对着镜子里的自己微笑，或者是清晨起床对镜梳妆，或者是在办公桌上对着镜子整理乱发，哪怕是经过一扇反光很好的玻璃门，她也会对自己微笑……静静从镜子中微笑的自己身上得到了伟大的力量。

如果你也像静静一样曾经郁郁寡欢、曾经自卑自怜，那么，从现在开始，也多为自己准备几面镜子吧！当你越来越多地对着镜子里的自己微笑，你将获得无穷无尽的力量，自然能够改变人生，让自己变得勇敢豁达、充满自信。

所谓量变引起质变，很多“自欺欺人”的话，如果说得多了，自己也就会当真。当然，这里所谓的自欺欺人不是消极悲观，而是积极乐观地鼓励自己。每个人都有自己的优点和长处，我们所要做的就是扬长避短。如果你的缺点就是不够自信，那么就从现在开始多多鼓励自己吧。当你无数次对着镜子里的自己微笑，你不但会变得美丽，而且会变得信心满满。

# 淡定面对风云变幻的人生

吕坤在《呻吟语》中这样写道：“在遭遇患难的时候，内心却居于安乐；在地位贫贱的时候，内心却居于富贵；在受冤屈而不得伸的时候，内心却居于广大宽敞，就会无往而不泰然处之。把康庄大道视为山谷深渊，把强壮健康视为疾病缠身，把平安无事视为不测之祸，那么你在哪里都不会不安稳。”如果说较真是一种偏执的心态，那淡定从容则是人生的真正态度，一个人若是能做到淡定从容，不以物喜，不以己悲，那么，不管遇到什么事情，他都能泰然处之：得意时，淡然坦荡；失意时，安之若素。

胡雪岩是一个遇事不惊的人，在任何时候，他都表现得淡定从容，不以物喜，不以己悲。

当上海阜康的挤兑风潮波及杭州的时候，本来，在杭州主事的螺蛳太太是一个很有主见的人，但是遇到这样大的挤兑风潮，她也没了主意。就在这时，胡雪岩回到了杭州。他来到钱庄的时候，正好遇到店里开饭，胡雪岩神态祥和，看起来一点也不担心、悲伤，竟然还有闲情逸致地去看伙计们的饭桌。看到伙计们的饭桌上只有几个平常的菜，胡雪岩竟留心起来，不一会儿，就嘱咐钱庄档手谢云清：“天气冷了，该用火锅了。”另外，他还要求谢云清将用伙食的规矩改改，要按照外国人的办法，以气温的变化为标准，冬天什么时候吃火锅，夏天什么时候吃西瓜。

虽然胡雪岩这样关心伙计的行为在平日里也常有，但是，眼看钱庄就要面临破产的困境，他依然有如此的闲情来关心琐事，足以见得其淡定从容的心态。其实，胡雪岩明白，在这个时候陷入悲伤之中，不仅于事无补，甚至会更加坏事。对此，他告诉自己：不要悲伤，不要怨恨任何人，甚至，连自己都不能怨，只想自己该做什么、怎么做，这才是最关键的。

在危机来临的时候，胡雪岩比任何人都懂得“不以物喜，不以己悲”的道理，时刻保持从容，不忧虑、不悲伤、不较真，该做什么就做什么，跟什么事情都没发生一样。另外，胡雪岩的从容在一定程度上可以缓解危机的影响。例如，在这个时候，店里的伙计早已经心急如焚，可胡雪岩还有说有笑，跟往常一样，这对于稳定店里伙计的心有很好的作用。这一点就是胡雪岩的过人之处，不仅自己淡定，保持从容，还要将那份从容感染给伙计，令大家同心协力，共渡难关。

几年前，王太太还过着风光无限的生活，住洋房、开跑车，有英俊潇洒的丈夫、乖巧懂事的女儿，那时候，是她最幸福的时刻。可现在什么都变了，一切都源于那次车祸。5年前，王太太一家人去自驾旅游，在细雨纷飞中，由于路面湿滑，酿成了严重的交通事故。在事故中，只有王太太一个人活了下来，当知道丈夫和女儿都已离去的时候，她竭尽全力朝着墙壁撞去，心里不断地问老天：“为什么不带我一起走？为什么？这究竟是为什么？”摸着头上的血，她笑了，对身边的护士说：“上天不让我离去，肯定有理由，就让我代替他们活下去吧。”

由于原来的积蓄在手术治疗中已经花光了，康复后的王太太租了一间小屋。虽然感到很累，但王太太还是坚强地活了下去。她找工作、交房租、买菜、做饭，每一件事都做得一丝不苟，那么从容。昔日的好友走进了她的家门，惊讶：“以前你过惯了锦衣玉食的生活，可如今，你是怎么活下来的？你忍受得了吗？”王太太笑了笑，眼睛望着窗外，说道：“人生的大悲大喜，我都经历过了，对于我来说，还有什么可怕的呢？还有什么不能忍受的呢？以后的我，需要就这样从容地活下去，不悲不喜，品尝最平淡的生活。”

从昔日锦衣玉食的生活到拮据不堪的生活，这样的心理落差是很大的，一个普通的人是难以忍受的。但有着淡定从容心态的王太太忍受下来了，而且通过这些事情领悟出许多人生的道理：人生虽然有大起大落、大悲大喜，但只要不与自己较真，凡事以宠辱不惊应对，那自己就会品味到生活最甘甜的滋味。

1.不较真是一种良好的心态

虽然我们所处的环境和自己一生有着不可割裂的关系，但是，根源在于我们只有保持宠辱不惊、不较真的心态，才能坦然面对生活本身，才有可能在失意时不被击倒、在得意时不至于从巅峰坠落。对于生活中的任何事情，都要以一颗平常心对待，淡定从容，切莫大喜大悲。

2.淡定面对风云变幻的人生

有人说：“一个淡定从容的人，他没有不满，没有怀疑，没有嫉妒，没有牢骚，没有抱怨，没有恐惧，不悲不喜。”很多时候，我们的压力与不快乐是因为自己拥有的东西太少，而奢望太多。得意时的轻狂，失意时的沮丧，常常令我们陷入悲与喜的纠葛之中。人生在世，要学会淡定，从容不迫，在沉迷时清醒，在贪求时淡泊；对任何事情，都要拿得起、放得下，宠辱不惊，闲看庭前花开花落。

生活中总会有很多不尽如人意的地方，所谓“世事常难遂人愿”，在这时如果我们与自己较真、心里总也迈不过去那个坎，那心灵就会陷入各种各样的困惑中，难以拥有轻松畅快的心情。例如，到达成功的巅峰便会满心欢喜；一旦失意就会在失落中彷徨，情绪低落。其实，这些都是对自己的一种苛刻，换而言之，是自己跟自己较真，才会让自己的心灵难以体会到轻松的快乐。

# 参 考 文 献

[1] 孙郡锴.自愈力[M]. 北京：中国华侨出版社，2015.

[2] 肖卫.别让情绪失控害了你[M]. 北京：北京时代华文书局，2016.

[3] 冯晓.别输在情绪掌控上[M]. 广州：广东旅游出版社，2017.

[4] 盖伊·温奇.抱怨的艺术：不委屈自己、不伤害他人的说话之道[M]. 上海：上海社会科学院出版社，2017.